AF396111

DES ORIGINES

DES

SCIENCES NATURELLES

SUIVIES DE

REMARQUES SUR LA NOMENCLATURE ZOOLOGIQUE

PAR LE

Dr SAINT-LAGER

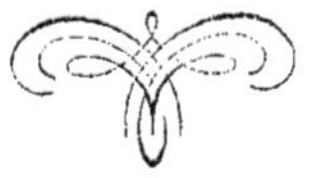

PARIS

J.-B. BAILLIÈRE

Rue Hautefeuille, 19

1883

DES ORIGINES

DES

SCIENCES NATURELLES

PAR LE

Dr SAINT-LAGER

DÉPÔT LÉGAL
Rhône
N° ...
1883

*Extrait des Mémoires de l'Académie des Sciences, Belles-Lettres et Arts de Lyon,
t. XXVI, classe des Sciences.*

LYON

ASSOCIATION TYPOGRAPHIQUE

T. Giraud, rue de la Barre, 12

1882

DES ORIGINES

DES

SCIENCES NATURELLES

PAR LE

Dr *SAINT-LAGER* [1]

PREMIÈRE PARTIE

APERÇU HISTORIQUE

Les tentatives faites jusqu'à ce jour pour retrouver chez les anciens Chinois, Hindous, Assyriens, Phéniciens et Égyptiens des traces de la culture des sciences naturelles n'ont abouti à aucun résultat. Quelques historiens ont prétendu que ces divers peuples avaient, dès la plus haute antiquité, des connaissances fort étendues en astronomie, en médecine et en métallurgie, mais leurs allégations ne reposent sur aucune donnée positive. On n'a rien trouvé dans les Védas qui indique chez les prêtres de l'Inde le vaste savoir qu'on leur a si gratuitement attribué. Le Pentateuque ne nous donne aucune idée de la science égyptienne, bien que Moïse en connût, dit-on, tous les secrets. Thalès, Pythagore, Anaxagore, Hérodote, Démocrite et Platon, qui

(1) Discours de réception à l'Académie des sciences, belles-lettres et arts de Lyon, lu dans la séance publique du 11 juillet 1882.

avaient été en rapport avec les prêtres de l'Égypte et de la Chaldée, ne paraissent pas avoir tiré grand profit de leurs voyages. Tout ce que nous pouvons conclure de leurs récits, aussi bien que de l'inspection des monuments, c'est que les anciens habitants de ces pays étaient fort habiles dans l'art des constructions, dans la fabrication des poteries et dans la pratique de l'agriculture. Entre tous les peuples de l'Orient, les Chinois se distinguent par un esprit éminemment observateur, mais ils sont portés à la recherche des applications utiles plutôt qu'à l'étude des questions scientifiques d'un ordre élevé. Il est d'ailleurs démontré que l'invention faite par eux d'un procédé rudimentaire d'imprimerie, de la boussole, de la porcelaine, de la poudre à canon et des procédés de teinture ne remonte pas à une haute antiquité.

En ne tenant compte que des documents historiques certains, on peut affirmer que la Science véritable a commencé avec Thalès et Pythagore et qu'elle a été constituée en corps de doctrine par les écrits d'Hippocrate, d'Aristote et de Théophraste. Le premier, mettant à profit l'expérience de ses prédécesseurs, les Asclépiades, formula les préceptes de l'Hygiène et de la Médecine. Aristote réforma la Philosophie et jeta les fondements des sciences biologiques. Théophraste écrivit les premiers traités de Botanique et de Lithologie dont nous ayons connaissance.

La Médecine ne rentrant pas dans notre programme, nous n'avons à considérer Hippocrate que comme anatomiste et comme botaniste. Sous ce dernier rapport, il y a peu de choses à dire, attendu que le médecin de Cos n'a décrit aucune des 240 plantes mentionnées dans ses ouvrages et s'est borné à indiquer leurs vertus curatives.

Cependant, on trouve dans le chapitre 34 du *Traité des maladies* une observation qui mérite d'être signalée, car elle se rapporte à l'une des plus intéressantes questions de la

Géographie botanique, celle de la relation existant entre la dispersion des plantes sauvages et la nature des terrains. Hippocrate remarque, avec beaucoup de sagacité, que des territoires voisins les uns des autres ne portent pas la même végétation, bien que recevant la même somme de chaleur solaire. Il ajoute que les semis et plantations démontrent aussi que la qualité des végétaux dépend surtout de la nature du substratum géologique. Comme exemple de l'influence du sol, il cite en particulier la Vigne : combien de terroirs rapprochés les uns des autres et pareillement échauffés par le soleil ne diffèrent-ils pas entre eux sous le rapport de la qualité des vins qu'on y récolte ! Il semble donc que chaque terrain recèle une substance qui communique au vin son bouquet particulier.

Le respect religieux des anciens pour les morts fut un grand obstacle à l'étude de l'Anatomie humaine. Quiconque était soupçonné d'avoir porté la main sur un cadavre, si ce n'est pour lui rendre les honneurs funèbres, était exposé aux peines les plus graves. Afin de sauver la vie à Démocrite qui avait eu l'imprudence de visiter les tombeaux pour y ramasser quelques ossements, on le fit passer pour fou. Démocrite, bien averti par cette mésaventure, se borna dans la suite à disséquer des animaux ; encore le fit-il secrètement, car la zootomie elle-même était tenue pour illicite par les nombreux partisans de la métempsychose.

Pour donner une idée de l'état des connaissances anatomiques à cette époque, il suffirait de rappeler qu'Hippocrate a consacré plusieurs pages de son *Traité des maladies* (chap. 54) à démontrer que, contrairement à une opinion très-répandue (1), les boissons ne passent pas dans la trachée-

___

(1) Opinion soutenue, en particulier, par Dioxippe, Philistion et, plus tard, par Platon dans le *Timée.*

artère et dans les poumons, mais sont déviées par l'épiglotte et pénètrent dans l'œsophage pour arriver à l'estomac. Hippocrate n'avait lui-même, sauf sur la position et la figure des os, que des notions fort inexactes. C'est ainsi que, suivant lui, quatre paires de veines partent de la tête pour se distribuer dans tout le corps. Les deux premières, après avoir traversé le cou, descendent jusqu'à l'ischion, puis aux membres inférieurs. La troisième paire, partant de la région temporale, se dirige vers l'omoplate et ensuite va aux poumons, à la rate, au foie et aux reins. La quatrième a son origine dans la région frontale, fournit des branches aux bras, à l'avant-bras, et enfin à la partie inférieure de l'abdomen. De là, Hippocrate tire des indications relativement au lieu qu'il convient de choisir pour pratiquer la saignée dans chaque maladie (1).

D'après le Père de la médecine, le cerveau est un organe spongieux destiné à absorber l'humidité du corps. Au surplus, toute la physiologie hippocratique se réduit à la théorie des quatre humeurs, l'eau, le sang, le phlegme et la bile jaune ou noire. La rate est la source de l'eau, le cœur celle du sang, la tête celle du phlegme, et enfin le foie celle de la bile et de l'atrabile. De même que chaque plante sait tirer du sol les substances appropriées à sa nature, de même aussi la rate, le cœur, le cerveau et le foie ont la faculté d'extraire des aliments et des boissons, et chacun suivant son rôle, ce qu'il y a d'aqueux, de sanguin, de phlegmatique et de bilieux dans

(1) *Traité de la nature de l'homme*, édition Littré, 11. — *Traité des lieux dans l'homme*, chap. 3. — *De la nature des os*, chap. 9.

Comme l'a démontré Littré, le *Traité de la nature de l'homme*, qu'on réunit ordinairement à la collection des œuvres d'Hippocrate, est de son gendre Polybe. Quant à la description des veines contenue dans le *Traité de la nature des os*, elle appartient à Syennesis de Chypre, ainsi qu'il ressort de la citation faite par Aristote dans l'*Histoire des animaux*, lib. III, cap. 2 et 3. — La description des veines insérée dans le livre 2, sect. 4, du *Traité des épidémies* parait avoir été empruntée à Diogène d'Apollonie.

le sang des veines. Lorsqu'il y a excès ou manque de l'une de ces quatre humeurs, survient une maladie qui dure jusqu'à ce que, naturellement ou par l'effet des remèdes, l'équilibre normal soit rétabli. (*Des Maladies*, 32-34, — *De la nature de l'Homme*, 4.)

L'homme, les animaux, les plantes et tous les êtres de ce monde, sont constitués par quatre éléments, l'air, la terre, le feu et l'eau, combinés en proportions diverses et se manifestant sous les états désignés par les expressions de sec, froid, chaud et humide. — L'âme de l'homme et des animaux est un mélange de feu et d'eau. Les âmes les plus intelligentes résultent de la combinaison des parties les plus humides du feu avec les parties les plus sèches de l'eau. Au contraire, chez les gens stupides, l'eau prédomine sur le feu. Un léger excès de celui-ci n'est pas nuisible; mais s'il devient considérable, l'âme est ardente, portée à la fureur et à la manie. Enfin, d'une manière générale, les caractères et les tempéraments dépendent des proportions suivant lesquelles le feu et l'eau sont associés pour former l'âme. (*Du Régime*, livre I, chap. 35.)

Peu de temps après la mort d'Hippocrate, naissait à Stagire, petite ville grecque conquise par le roi de Macédoine, un enfant qui devait un jour surpasser tous ses devanciers et ses contemporains par l'éclat et l'étendue de son génie et recevoir le titre de géant de la science grecque.

Pour bien saisir le caractère de la révolution opérée par Aristote, il est nécessaire de se reporter à l'état des sciences au moment où il entre en scène.

Depuis Thalès, qui fut l'initiateur de la science grecque, on avait entendu successivement Anaximandre, Phérécyde, Anaximène, Pythagore, Héraclite, Xénophane, Leucippe et Démocrite, pour ne citer que les plus célèbres, enseigner les Mathématiques, l'Astronomie, la Physique, la Théologie, la

Psychologie, la Morale et la Politique. Cependant, trop souvent ces physiciens (c'est ainsi qu'on les appelait) étaient sortis de la voie scientifique en discourant sans trêve sur les questions transcendantes de l'essence et de l'origine des êtres, ainsi que sur l'insondable problème des causes premières. Puis, des sophistes, tels que Gorgias, Protagoras et Polus, s'étaient fait un jeu de nier tout ce que les hommes regardent comme évident et de soutenir le pour et le contre à l'aide de raisonnements subtils et d'arguments captieux.

Socrate et Platon s'élevèrent avec énergie contre ces sophistes, mais ils tombèrent dans une autre exagération. Le premier enseignait que la vertu étant le seul bien véritable, toute science qui ne tend pas vers ce but est vaine et épuise inutilement une activité que l'homme doit employer à un meilleur usage. A quoi bon, disait-il, perdre un temps précieux à mesurer la grandeur des astres ! qu'il nous suffise de savoir assez d'Arithmétique pour être en état de faire nos comptes de ménage, et juste ce qu'il faut de Géométrie pour mesurer les champs. La Philosophie est la seule science qu'il nous importe de connaître (1).

(1) L'appellation de *philosophe* parait avoir été inventée par Socrate : il résulte en effet de plusieurs passages d'Aristote qu'avant Socrate les savants étaient nommés *physiciens*. Du reste, conformément à l'étymologie grecque, cette expression s'entendait des hommes se livrant à l'étude des sciences de la nature en général, ou de chacune d'elles en particulier, et n'avait pas le sens restreint que lui ont donné les modernes. A ce propos, il n'est pas inutile de faire remarquer que nos contemporains ont singulièrement rétréci la signification du mot « Sciences naturelles » en l'appliquant seulement à l'étude des plantes, des animaux et des roches. A proprement parler, et puisque nous sommes obligés d'établir des divisions, la Botanique et la Zoologie méritent la désignation commune de Sciences biologiques. La Géologie doit rentrer dans le vaste groupe des sciences cosmologiques, à côté de la Physique et de la Chimie. Par conséquent l'étiquette « Sciences naturelles » ne saurait être conservée parce que littéralement elle a une acception trop vaste ; c'est d'ailleurs ce qu'avait bien compris Auguste Comte.

Son élève Platon avait pour les physiciens presque autant de mépris que pour les poètes. La Physique, dit-il, dans le Timée, n'est pas une science véritable, mais plutôt une récréation agréable et en même temps facile. Il tenait, au contraire, en grande estime les mathématiciens et déclarait hautement (*Républ.*, VII) que de toutes les sciences qui servent à l'éducation de la jeunesse, il n'en est aucune qui soit plus utile que celle des nombres dans l'économie domestique et sociale, ainsi que pour la culture des arts. En outre, la Science mathématique est la plus noble de toutes : au lieu d'abaisser nos regards sur les choses d'ici-bas, comme le fait la Physique, elle les élève en haut et nous donne la notion de l'absolu, laissant de côté ce qui naît et ce qui périt (1).

(1) La connaissance de la vertu des nombres importe au plus haut degré aux magistrats, car la génération humaine est assujettie à une loi mathématique d'après laquelle le cycle de son évolution est accompli lorsque le nombre dont la racine cubique, ajouté à un multique de 5, produit deux harmonies, c'est-à-dire est élevé au cube (la *Républ.* livre VIII) ! Aucun commentateur moderne n'a pu comprendre cette formule, dont les Grecs avaient l'intelligence, ainsi qu'il semble résulter d'un passage d'Aristote.

Platon ne veut pas que sa cité modèle contienne plus de 5,040 habitants, parce que ce chiffre admirable étant exactement divisible par les dix premiers nombres, offre de grandes facilités pour la formation des groupes de citoyens et pour tous les services publics (Lois, livre V).

L'étude de la Géométrie n'est pas moins utile que celle de l'Arithmétique, si l'on considère que Dieu a donné à l'univers la forme sphérique, la plus parfaite de toutes, qu'il a composé la terre de particules cubiques, qu'il a donné la forme pyramidale au feu, l'octaédrique à l'air, l'icosaédrique à l'eau, et enfin que la substance médullaire des tissus organiques du corps de l'homme et des animaux a reçu de lui la forme triangulaire (Timée). Afin de bien marquer l'importance qu'il attachait à la Géométrie, Platon avait fait graver sur la porte de son École l'inscription suivante : « Que nul n'entre ici, s'il ne sait la Géométrie. »

Outre ces emprunts faits à la doctrine pythagoricienne, il avait encore adopté quelques-unes des idées du chef de l'École de Samos touchant la métempsychose. — A l'origine, dit-il dans le Timée, les hommes seuls apparurent sur la terre ; ceux qui se montrèrent faibles ou injustes furent changés en femmes. Les légers et les orgueilleux devinrent oiseaux ; les

L'opinion de Platon sur la hiérarchie des Sciences, aussi bien que sur la Morale et la Politique, est la conséquence immédiate de sa doctrine concernant l'origine de nos connaissances, doctrine qui, sous le nom de *Théorie des idées innées*, a exercé une influence considérable sur la marche de l'esprit humain. C'est d'elle, en effet, que se sont inspirés tous les philosophes spiritualistes jusqu'à Malebranche et Leibnitz.

D'après le chef de l'Académie d'Athènes, les idées sont absolues, indépendantes du temps, de l'espace et des objets qui composent l'univers ; elles sont coéternelles avec Dieu et, de même que Dieu, ont seules une existence véritable. Tout le reste commence, périt, se transforme et n'est qu'un fantôme sans réalité. L'âme raisonnable est une émanation de Dieu et contient toutes les idées. Celles-ci, momentanément effacées de notre souvenir, se représentent successivement à

hommes à caractère grossier et brutal furent métamorphosés en quadrupèdes ; ceux qui étaient stupides en reptiles ; les gens souillés de crimes honteux en poissons, huîtres et autres animaux aquatiques. Seules, les âmes vertueuses vont, après la séparation d'avec le corps, se réunir à Dieu qui est l'âme du monde *(Timée)*.

Au surplus, ajoute Platon, l'homme possède trois âmes : la raisonnable qui siège dans le cerveau, la sensitive ou âme mâle, placée dans le cœur, et la végétative ou âme femelle, qui réside dans le ventre. Les animaux sont pourvus des deux dernières ; les plantes n'ont que l'âme végétative. L'âme raisonnable, émanation de Dieu, est elle-même composée de trois principes associés suivant une progression géométrique et arithmétique fort compliquée ; elle se sépare du corps lorsque s'opère la dissociation des liens qui unissent les triangles élémentaires dont est formée la substance médullaire du corps de l'homme *(Timée)*.

En Politique, Platon est l'inventeur de la souveraineté absolue de l'État. Par suite de la tendance de son esprit à n'accorder de réalité qu'à ce qui est général, il déclare que l'État est tout, l'individu rien ou presque rien. Aussi, afin de détruire chez les citoyens les sentiments d'égoïsme, nuisibles à l'unité et à la prospérité de l'État, il n'hésite pas à demander la suppression de la famille et de la propriété qui sont les deux formes principales du particularisme. Ne voulant rien laisser à l'arbitraire individuel, Platon détermine exactement les règlements de police concernant la procréation de l'espèce humaine.

notre esprit à mesure que nos sens rencontrent dans le monde les objets faits à leur image.

Bien qu'Aristote ait toujours parlé avec convenance et respect de son maître Platon (1), il ne peut s'empêcher de dire que la Théorie des idées innées ne peut être prise au sérieux et doit être considérée comme une métaphore poétique. Non, dit Aristote, l'idée n'a pas une existence séparée des choses ; elle a pour origine l'observation fécondée par le raisonnement. Après avoir constaté au moyen des sens les faits particuliers, notre esprit les compare afin de saisir leurs ressemblances et leurs différences ; puis, par voie d'induction, il s'élève aux idées générales.

Par un procédé inverse, souvent en usage chez les dialecticiens et servant, non à la recherche de la vérité, mais seulement à sa démonstration, on peut redescendre des idées générales aux vérités particulières.

La faculté de raisonner et de communiquer les pensées par la parole et par l'écriture est le privilège exclusif de l'homme ; grâce à elle, il est arrivé à employer les forces naturelles à ses besoins et à établir sa domination sur les autres animaux, lesquels, bien que doués de sens pour observer et même de mémoire, sont incapables d'abstraire, de généraliser, d'inventer des combinaisons nouvelles, et restent, d'ailleurs, dépourvus des moyens de transmettre aux générations futures le précieux héritage de l'expérience accumulée par les devanciers. Toutefois l'étude de l'homme est inséparable de celle des animaux, parce qu'il y a entre eux et lui similitude dans

---

(1) « L'examen de la Théorie des idées est chose fort délicate, puisqu'elle a été inventée par un homme que nous aimons. Mais en pareil cas, il est du devoir de tout philosophe de mettre de côté ses sentiments personnels d'affection pour ne songer qu'à la défense du vrai, et quoique la vérité et l'amitié nous tiennent toutes deux au cœur, c'est pour nous un devoir sacré de donner la préférence à la vérité. » *(Morale à Nicomaque* livre I, chap. 3.)

les organes et les conditions extérieures de la vie, et, sauf le
degré, une grande ressemblance sous le rapport psychique.
En effet, pendant l'enfance nous ne différons pas des bêtes,
et même nous leur sommes inférieurs. Les animaux ont,
comme nous, ce qu'on appelle des affections de l'âme et des
caractères moraux variables avec les individus (*Hist. des
anim.*, VIII, 1.). Aussi la Psychologie appartient-elle de droit
aux physiciens (on dirait aujourd'hui aux physiologistes), qui
seuls ont la compétence nécessaire pour faire une étude complète du règne animal au sommet duquel est placé l'homme,
et d'apprécier, comme il convient, l'influence réciproque du
physique et du moral (*Traité de l'âme*, livre I, chap. 1, § 11.).

En outre, tous les êtres qui composent notre globe forment
une série continue depuis le minéral jusqu'à l'homme : les
êtres inanimés passent aux plantes, celles-ci aux animaux par
gradations tellement insensibles qu'il est souvent fort difficile
de décider si tel être est un végétal ou un animal. (*Hist.
anim.*, VIII, 1.) Bien que dans la pratique on soit obligé de
subdiviser et de spécialiser les investigations, cependant il
faut reconnaître que la science est une et ressemble à un
arbre dont le tronc puissant se subdivise au sommet en plusieurs rameaux.

Comme on le voit, les divergences d'opinion au sujet du
rôle des sciences entre Platon et Aristote sont la conséquence
parfaitement logique de la théorie des idées professées par
chacun de ces maîtres.

Diogène Laerce nous a transmis les titres de 300 ouvrages
écrits par Aristote sur toutes les branches des connaissances
humaines. Les fragments qui en restent justifient amplement
le titre d'encyclopédiste qui lui a été donné.

Il est aussi le fondateur de deux institutions importantes,
à savoir les Musées d'histoire naturelle et les Bibliothè-

ques.(1). Il avait, en effet, placé dans une salle voisine de son Musée une collection de tous les livres connus et l'avait classée avec l'esprit méthodique qu'il possédait à un haut degré. C'est sur le modèle de la bibliothèque du Lycée d'Athènes que fut fondée, quelques années plus tard par Ptolémée-Lagus, la fameuse bibliothèque d'Alexandrie (2).

Afin de mettre de l'ordre dans les nombreux matériaux d'étude qu'il avait réunis, Aristote composa un dictionnaire par ordre alphabétique, dans lequel, en regard de chaque nom, il avait mis une définition ou une description sommaire.

C'est aussi lui qui, le premier, eut l'idée de joindre des dessins aux ouvrages d'Anatomie et d'Histoire naturelle. Malheureusement, cette partie si intéressante de son œuvre a été perdue, de même que huit livres de descriptions anatomiques, ainsi que l'annexe de son traité de Politique contenant les constitutions de 158 États, à l'aide desquelles il remontait des données expérimentales de l'histoire jusqu'à l'esprit des lois et à la connaissance des causes qui conservent ou détruisent les institutions politiques des sociétés humaines.

Les ouvrages d'Aristote se rapportent à trois groupes :

1º La Philosophie, la Morale et la Politique ;

2º La Rhétorique et la Poétique ;

3º La Cosmographie, la Physique et les Sciences biologiques.

Les théories physiques d'Aristote sont la partie faible de

(1) Strabon, Géographie, XIII.

(2) Suivant Aulu-Gelle la bibliothèque d'Alexandrie contenait 700 mille volumes. On sait qu'une grande partie devint la proie des flammes lorsque César s'empara de la capitale de l'Égypte. Ce qui en restait fut ensuite détruit pendant les guerres religieuses de la fin du IVᵉ siècle. Reconstituée vers le milieu du VIᵉ siècle, elle fut de nouveau brûlée par les Arabes en 641.

son œuvre. Comme Empédocle, il admettait que l'univers est composé de quatre éléments, l'eau, l'air, la terre et le feu. Il ajoutait que ces quatre éléments dérivent eux-mêmes d'une substance plus subtile, l'éther, formant un premier ciel entre le monde et Dieu, qui est le grand moteur, l'être parfait et infini.

On trouve cependant dans son Traité des Météores des aperçus assez exacts sur plusieurs phénomènes atmosphériques et géologiques. Il savait que la rosée résulte de la condensation, par suite du refroidissement nocturne de la terre, des vapeurs répandues dans l'atmosphère.

Il attribuait l'arc-en-ciel et les halos à la dispersion de la lumière pendant son passage à travers les particules liquides des nuages. Celles-ci, dit-il, divisent la lumière et l'étendent sous forme d'une bande colorée où dominent le rouge, le jaune et le bleu, lesquels, en se combinant, produisent toutes les autres teintes intermédiaires. (*Météores,* livre III, chap. 2 et 3.)

La formation de la pluie et des nuages est très-bien décrite dans le même ouvrage : « Sous l'influence de la chaleur du soleil, l'eau s'évapore à la surface de la terre et des mers. Les vapeurs parvenues dans les régions élevées de l'atmosphère se condensent en nuages par l'effet du refroidissement, puis se résolvent en pluie, laquelle retombe sur la terre. De sorte qu'il se forme un double courant en sens inverse qui établit une circulation perpétuelle de l'élément liquide entre la terre et le ciel. » (*Météores,* livre II, chap. 2, § 5.)

Dans tous les ouvrages qui traitent de la distillation, il est dit qu'elle a été inventée par les Arabes, et que les anciens Grecs et Romains n'en avaient aucune connaissance (1). Il est

---

(1) Zosime, le Panopolitain, qui vivait au commencement du IVe siècle de notre ère, avait inventé un appareil distillatoire dont Hoefer a donné un dessin (*Histoire de la chimie,* II, page 256). C'était un matras sur-

vrai que les anciens n'avaient ni l'alambic, ni même la vulgaire cornue des chimistes. Cependant, ils connaissaient le principe sur lequel est fondée la distillation ; ils savaient que l'eau, le vin et autres liquides passent à l'état de vapeur lorsqu'on les chauffe, et que la vapeur se liquéfie ensuite par le refroidissement. Il leur manquait donc seulement des appareils propres à réaliser commodément la distillation et à recueillir d'une manière continue les vapeurs condensées. Le passage suivant de la Météorologie d'Aristote donne la preuve de ce que nous venons d'avancer :

« Lorsqu'on chauffe l'eau de mer, l'élément liquide, se séparant du sel, se volatilise et produit ensuite de l'eau qui est *douce et potable*. Par le même procédé, le vin et tous les liquides peuvent être réduits en vapeur, laquelle revient ensuite à l'état liquide. » (*Météores*, livre II, chap. 3, § 31.)

Dépourvus d'appareils distillatoires, les anciens n'ont pas su extraire l'alcool du vin, ni préparer les autres liquides vaporisables. Cependant, ils connaissaient l'essence de térébenthine, et voici par quel curieux artifice ils l'obtenaient : La résine qui découle du tronc des Pins et des Sapins était chauffée dans un vase profond au-dessus duquel on étalait, l'une après l'autre, des toisons de mouton destinées à absorber l'essence volatilisée ; puis on exprimait ces peaux pour en retirer le liquide condensé. (Pline, *Hist. natur.*, XV, 7.)

De même qu'il y aurait un gros livre à écrire sur l'influence que des causes mesquines en elles-mêmes ont exercé sur les grands évènements, de même aussi on pourrait composer un intéressant chapitre sur les merveilleux résultats produits par l'invention de la cornue, ou, ce qui revient au même, par l'idée de l'interposition d'un tube de commu-

---

monté d'un long tube auquel s'adaptait un ballon communiquant, au moyen d'autres tubes inclinés obliquement en bas, avec plusieurs récipients destinés à recevoir le liquide condensé.

nication entre un vase et un récipient. C'est pourtant de cet
appareil si simple qu'est née, entre les mains de Boyle, de
Mayow, de Hales, de Priestley et de Lavoisier, la Chimie
pneumatique, origine de la Chimie moderne, d'où sont sor-
ties successivement toutes les admirables découvertes qui ont
enrichi la Physique, la Physiologie, la Médecine, l'Agriculture et l'Industrie au-delà de tout ce que l'imagination la
plus hardie pouvait concevoir.

La théorie des sources dont on fait habituellement honneur au célèbre potier Bernard de Palissy est clairement
exposée dans le même ouvrage (livre I, chap. 13, § 10) : « Les
eaux pluviales s'infiltrant dans la terre, pénètrent à travers
ses pores, puis vont aillir sous forme de sources qui don-
nent naissance aux ruisseaux, aux rivières et aux fleuves. »

Aristote admettait avec Xénophane que plusieurs des con-
tinents actuels ont été autrefois recouverts par les eaux
marines, comme l'attestent les débris de coquillages trouvés
çà et là dans les plaines et sur les montagnes. (*Météores*,
livre I, chap. 14.) C'est à cette doctrine qu'Ovide fait allusion
dans les vers suivants :

> Vidi ego, quod fuerat quondam solidissima tellus
> Esse fretum.   (*Métamorph.*, XV, V, 262.)

Aristote enseignait aussi, d'après Xénophane, que le
transport des débris de roches a comblé plusieurs vallées en
les remplissant de sables, de graviers et de cailloux roulés.
De même qu'Hérodote, il tenait pour certain, en particulier,
que la plaine du Nil doit son relief actuel aux alluvions que
le fleuve a charriées depuis les montagnes de l'Æthiopie
jusqu'à la Méditerranée. (*Météores*, livre I, chap. 14, § 10).

Aristote reprochait aux Pythagoriciens d'avoir avancé sans
preuves que la terre se meut autour du soleil. Il est certain
que la démonstration des révolutions de notre système planétaire, commencée par Hipparque 450 ans après la mort

du Stagirite, ne fut complète qu'après les admirables travaux
de Kopernic, de Galilée, de Kepler et de Newton. Conséquemment, il serait injuste de reprocher à Aristote de s'être
tenu aux apparences qui nous font croire que la terre est
immobile.

On a prétendu que les anciens se bornaient à observer
les phénomènes naturels et ne connaissaient pas l'expérimentation, c'est-à-dire l'emploi de procédés propres à
reproduire artificiellement les conditions naturelles. On est
même allé jusqu'à dire que le chancelier François Bacon
est le créateur de la méthode expérimentale et inductive.
Aussi ne sera-t-il pas sans utilité pour éclairer cette question de l'histoire des sciences de rappeler deux expériences
citées dans le *Traité des Météores*. La première se rapporte
au procédé que les chimistes modernes appellent dialyse. Si
l'on plonge un vase poreux dans l'eau de mer, dit Aristote,
on constate que l'eau qui passe à travers les parois est
douce (1).

La seconde expérience a pour but de démontrer la différence de densité entre l'eau pure et celle qui tient en dissolution des matières salines : « Si l'on met un œuf dans l'eau
ordinaire, il va au fond ; mais si l'on fait fondre du sel
marin dans cette même eau, l'œuf surnage et s'élève d'autant plus que la quantité de sel ajoutée est plus grande. Ce
qui explique pourquoi des navires chargés peuvent flotter
sur la mer et s'enfoncer ensuite lorsqu'ils arrivent dans les

---

(1) *Météores*, livre II, chap. 3, § 35. — Le texte dit : un vase fabriqué avec de la cire, mais il est probable que c'est une erreur de copiste,
et que le physicien grec a voulu parler d'un vase de terre.

Cette interprétation est d'ailleurs corroborée par la glose suivante de
l'auteur des Problèmes : « Pourquoi l'eau des terrains voisins de la mer
est-elle en partie douce ? n'est-ce pas parce que la terre à travers laquelle
filtre l'eau marine retient une notable quantité de particules salines.
(Sect. 23, Probl. 19.)

fleuves. » (*Météores*, livre II, chap. 3-37.) L'interprétation de cette expérience aurait dû conduire Aristote à l'énoncé de la formule qu'on dit avoir été trouvée, un siècle plus tard, par Archimède.

Dans les *Problèmes* qu'on joint habituellement à la collection des œuvres d'Aristote et qui semblent être une série de questions rédigées par un des élèves du Stagirite, la même pensée est exprimée sous une autre forme : « Il est plus facile de nager dans l'eau de mer que dans celle des fleuves, parce que l'eau marine étant plus dense offre une plus forte résistance aux corps qui la pressent. » (Sect. 23, Probl. 13.)

Aristote ne paraît pas avoir fait une étude approfondie du Règne végétal. Le *Traité des plantes* en deux livres qu'on réunit à la collection de ses œuvres est probablement apocryphe, et a été composé par Nicolas de Damas. Il semble, en effet, que le chef du Lycée d'Athènes avait abandonné la partie botanique de son encyclopédie à son cher disciple Tyrtame de Lesbos, qu'il se plaisait à nommer Théophraste, le divin parleur, appellation d'autant plus flatteuse de la part du Maître, que lui-même était dépourvu de l'élégance du langage qui ajoute tant de charme à la pensée (1).

---

(1) Jeune encore, Aristote avait ouvert à Athènes un cours d'éloquence afin de réagir contre Isocrate, qui recommandait surtout à ses élèves l'harmonie du style et l'heureuse cadence des périodes. Aristote, au contraire, enseignait qu'on doit s'appliquer exclusivement à porter la conviction dans les esprits au moyen de l'ordre et de la force intrinsèque des arguments. Peut-être pourrait-on lui reprocher de n'avoir pas compris que l'éloquence du barreau et de la tribune comporte des ornements et des mouvements oratoires qui en augmentent la puissance.

Les écrits philosophiques du Péripatéticien ont une sécheresse de style qui en rend la lecture fort peu attrayante. Quelques-uns, notamment la Philosophie première et la Physique, sont même parfois si obscurs qu'on est porté à admettre, avec grande vraisemblance, qu'ils ont été rédigés par quelque maladroit disciple. Quoi qu'il en soit à cet égard, on peut affirmer que l'influence d'Aristote comme écrivain a été au plus haut point funeste, en ce sens que les serviles imitateurs de ce Maître se sont

Le chef-d'œuvre d'Aristote, celui où il a manifesté au plus
haut point son talent d'observation et son génie créateur est,
sans contredit, l'*Histoire des animaux*, dont 9 livres seulement nous sont parvenus (1). Avant de composer cet ou-

plu à envelopper leur pensée de formes presque impénétrables, et ont
ainsi rendu l'étude de la Philosophie aussi difficile que fastidieuse. En
outre, durant toute la période dite scolastique, ils ont arrêté l'essor de
l'esprit humain en exagérant démesurément les cas d'application du syl-
logisme dont le créateur de la Logique avait savamment expliqué le mécanisme et l'emploi dans l'art de la dialectique. C'est ainsi que pendant
une longue série de siècles fut perdue la tradition aristotélique de l'observation, de l'expérimentation et des procédés inductifs. En sorte que
le chancelier Bacon fut salué par ses contemporains comme le Messie
de la science moderne lorsqu'il vint, en un langage déclamatoire, attaquer violemment les méthodes déductives en usage dans les Écoles qui
se réclamaient d'Aristote. Il serait trop long de citer les éloges hyperbo-
liques qui lui ont été prodigués par Gassendi, Descartes, Hooke, Leibnitz,
Vico, Horace de Walpole, Voltaire, d'Alembert, Reid, Hamilton, Laplace. Ouvrez la plupart des traités d'histoire de la philosophie et vous
y entendrez l'écho prolongé de l'admiration qu'a excitée et qu'excite encore son *génie incomparable*. Cependant je m'empresse d'ajouter que
Kant, Hegel, Joseph de Maistre, Brandis, MM. Renouvier, Charles de
Rémusat, Barthélemy Saint-Hilaire, Fouillée et quelques autres n'ont
pas eu de peine à faire descendre l'idole du piédestal sur lequel on l'avait
élevée, et à démontrer que la prétendue invention si généreusement
attribuée au trop célèbre chancelier était déjà connue des Grecs, et surtout d'Aristote.

Gardons-nous cependant d'une injuste réaction, et reconnaissons loya-
lement que lord Vérulam a rendu un grand service à la science en rappelant les droits si longtemps méconnus de l'observation, de l'expérimentation et de la méthode inductive. Tâchons d'oublier les violentes et
injustes invectives qu'il a adressées aux savants les plus illustres, son
orgueil insensé, l'ignominie de sa conduite, son odieuse ingratitude
envers son bienfaiteur le comte Robert d'Essex, sa vénalité et ses scan-
daleuses concussions, pour ne nous souvenir que de la part qu'il a prise
à la rénovation de la science.

(1) L'*Histoire des animaux* se composait de 50 livres, suivant Pline, et
de 31 seulement d'après Diogène-Laerte.

Albert-le-Grand et J.-C. Scaliger ont joint aux neuf livres de l'*Histoire
des animaux* un dixième livre intitulé : *Des causes de la stérilité;* mais,
de l'avis de tous les autres commentateurs et, en particulier, de Camus et
de Schneider, ce livre est apocryphe, aussi bien que les *Récits merveilleux*, les *Problèmes*, le *Monde*, le *Traité des plantes*.

vrage, irréprochable sous le rapport de la forme, Aristote avait amassé un nombre considérable de matériaux, grâce aux libéralités de son élève Alexandre, roi de Macédoine. Pline nous apprend (*Hist. nat.* VIII, 17; édit. Littré) qu'Aristote employa plusieurs milliers d'hommes à chasser et à pêcher à travers la Grèce, l'Asie et l'Afrique, puis à élever des animaux vivants dans des parcs, des viviers et des volières. On a prétendu que son neveu Callisthène, attaché comme savant à l'expédition d'Alexandre, lui envoya une multitude de renseignements et d'objets concernant l'Histoire naturelle, ainsi que le relevé d'observations astronomiques faites à Babylone pendant 1900 ans. Mais il y a lieu de croire qu'on a beaucoup exagéré les contributions fournies par les expéditions du conquérant. Au surplus, après la fin tragique de Callisthène, torturé et mis à mort parce qu'il avait refusé d'adorer Alexandre comme un Dieu, Aristote cessa toute relation avec son cruel élève (1), et, en ce qui concerne les documents astronomiques, nous ne voyons pas qu'il en ait tiré parti dans sa Météorologie ni dans son traité du Ciel. Ce qui est certain, c'est qu'Aristote

Plusieurs des traités qu'on réunit à la collection des œuvres du Stagirite semblent être des fragments d'un grand ouvrage dont le corps principal a été perdu. Voici la liste de ceux qui se rapportent à la Zoologie générale : *Des parties des animaux*, 4 liv.; — *De la génération des animaux*, 5 liv.; — *De la marche des animaux*, 1; — *Du mouvement des animaux*, 1; — *Des sens et de leurs organes*, 1; — *Du sommeil et de la veille*, 1; — *De la jeunesse, de la vieillesse, de la vie et de la mort*, 1; — *De la respiration*, 1; — *De l'âme*, 1. Dans les écrits d'Aristote, le mot âme s'applique à l'ensemble des facultés intellectuelles sans qu'il soit question de substantialité et de spiritualité. A ce point de vue, l'étude de l'âme est un chapitre de physiologie humaine.

(1) Par une singulière coïncidence dont il faudrait bien se garder de tirer aucune conclusion défavorable à l'utilité de l'instruction et de l'éducation, deux des plus grands philosophes de l'antiquité, Aristote et Sénèque, ont eu pour élèves, le premier un des plus impitoyables tueurs d'hommes, le second le plus pervers et le plus cruel des empereurs romains.

n'a connu d'une manière exacte que les animaux des régions méditerranéennes, et qu'il a parlé seulement par ouï-dire de ceux de l'extrême Orient.

Quoique l'*Histoire des animaux* ait été longuement paraphrasée par Pline et par Ælien, il est pourtant digne de remarque que, dès la fin du IIIe siècle, personne en Europe ne connut cet ouvrage. Seuls, les médecins syriens d'abord, puis les médecins arabes en firent, chacun dans leur langue, des traductions dont, plus tard, Michel Scot et Guillaume de Moerbecke donnèrent des versions latines (1).

C'est grâce à ces derniers travaux qu'Albert-le-Grand et Thomas Cantimpré purent révéler à leurs contemporains ce livre tombé dans le plus profond oubli. Toutefois, comme les esprits n'étaient pas tournés du côté des sciences physiques et biologiques, les discussions qui remplirent les Écoles du Moyen-Age roulèrent exclusivement sur la logique du philosophe grec, dont l'autorité devint plus grande que celle des pères de l'Église eux-mêmes. Ramus expia cruellement l'imprudence qu'il avait eue d'attaquer Aristote, et afin que personne ne fût tenté d'imiter son audace, la Sorbonne obtint de François Ier un arrêt, daté du 10 mars 1543, faisant défense, à peine de punitions corporelles, d'écrire ou d'enseigner contrairement à la doctrine du Maître. En 1629, le Parlement publia un arrêt portant même interdiction, sous peine de mort. Une telle intolérance devait produire des effets diamétralement opposés à ceux qu'on attendait et susciter contre la doctrine péripatéticienne des adversaires aussi passionnés que l'avaient été ses défenseurs.

Un évènement survenu en 1429 eut pour résultat de faire connaître en Europe le texte de l'*Histoire des animaux*. La

---

(1) Voyez les *Recherches critiques sur l'âge et l'origine des traductions latines d'Aristote*, par Jourdain ; 2e édit., Paris, 1843.

ville de Thessalonique ayant été prise par les Turcs, un grammairien nommé Théodoros Gaza, forcé de fuir sa patrie, se réfugia d'abord à Ferrare, puis à Rome, où, grâce à la protection du pape Nicolas V et du cardinal Bessarion, il publia, en 1476, c'est-à-dire quelques années après l'invention de l'imprimerie, une traduction latine avec texte en regard de l'*Histoire des animaux;* puis parurent successivement les travaux de Gesner, d'Aldrovandi, de Jonston, de Belon, de Rondelet, et enfin les commentaires de Jules-César Scaliger, qui achevèrent la réhabilitation de cette œuvre et contribuèrent à réveiller le goût des sciences naturelles.

Dans son discours sur la *Théorie de la terre*, Buffon est allé jusqu'à dire : « L'*Histoire des animaux* d'Aristote est peut-être ce que nous avons de mieux fait en ce genre. »

Malgré les progrès accomplis depuis Buffon jusqu'à nos jours, Cuvier, dans l'*Histoire des sciences naturelles* publiée en 1841, déclare « qu'il ne peut lire l'*Histoire des animaux* sans être ravi d'étonnement. Je ne puis concevoir, ajoute-t-il, comment un seul homme a pu recueillir et comparer la multitude de faits particuliers que supposent les nombreuses généralisations renfermées dans cet ouvrage et dont ces prédécesseurs n'ont eu aucune idée. Ce n'est pas une suite de descriptions d'animaux, mais une anatomie générale résultant de l'examen comparatif des organes, où sont posées les bases de grandes classifications d'une étonnante justesse. »

Il serait trop long de citer les témoignages de Blainville (*Hist. d. sc. de l'organisation*, t. I, 1845), de M. Lacaze-Duthiers, professeur au Muséum (*Arch. zool.*, t. I. 1872), de M. Carus, professeur à l'Université de Leipzig (*Hist. de la zoologie*, édit. franç. 1880), tous s'accordent à proclamer que la puissance du génie d'Aristote se manifeste non-seulement par ses observations particulières sur une foule d'animaux, mais surtout par les aperçus généraux qu'il a eus sur l'organisation animale (1).

Le nombre considérable de faits observés par Aristote a porté quelques biographes malveillants, et d'ailleurs peu éclairés, à soutenir que l'*Histoire des animaux* est une compilation du genre de celle que fit Pline l'ancien vers le milieu du Ier siècle de notre ère. Il est impossible, disent-ils, qu'un seul homme, déjà absorbé par un enseignement auquel il consacrait deux séances par jour, ait pu voir lui-même tout ce qu'il rapporte. Une telle allégation est le plus éclatant hommage qu'on puisse rendre à la mémoire de l'illustre naturaliste grec. En effet, si l'on considère que la naissance d'Aristote a suivi de près la mort de Démocrite et d'Hippocrate, et en se reportant à ce qui a été dit plus haut relativement aux connaissances anatomiques du Père de la médecine et de ses contemporains, on n'hésite pas à déclarer que l'auteur de l'*Histoire des animaux* doit peu de choses à ses prédécesseurs. Du reste, lui-même a eu soin de rapporter fidèlement leurs opinions, et comme le dit avec raison M. Carus, il l'a fait avec un esprit d'impartialité et de haute critique qu'on ne retrouve chez aucun de ses successeurs dans l'antiquité. C'est ainsi qu'avant de présenter ses propres observations sur les vaisseaux sanguins (2), il cite

(1) De ces citations il résulte que ce ne sont point les naturalistes qui ont mérité le reproche ainsi formulé par M. Barthélemy Saint-Hilaire : « Si la science contemporaine était plus éclairée ou plus modeste, elle proclamerait Aristote comme son prédécesseur et son glorieux ancêtre. » *(Dictionn. des sc. philos.* art. *Aristote.)*

(2) Les traducteurs d'Hippocrate, d'Aristote et de Galien ayant exprimé le substantif grec φλεψ, soit par le mot latin *vena*, soit par son équivalent français *veine*, on en a induit que les naturalistes de l'antiquité ne savaient pas distinguer les artères des veines. Il est vrai que le Père de la médecine et Aristote lui-même, ayant toujours vu les artères vides chez les animaux morts, avaient supposé qu'elles ont pour fonction de conduire l'air nécessaire à la vie des organes depuis les bronches jusqu'aux

textuellement (livre III, chap. 2 et 3) les descriptions données par plusieurs médecins dont les écrits ne nous sont pas parvenus, Syennesis de Chypre, Diogène d'Apollonie et Polybe, gendre d'Hippocrate. Dans son *Traité de la respiration*, il rappelle les opinions émises par Démocrite, Anaxagore, Diogène, Empédocle, et par Platon lui-même dans le Timée.

Dulaurens (*Humani corporis Historia anatomica* XXX, p. 441) et Sébastien Basso (*Præfatio philosophiæ naturalis*, p. 23) prétendent qu'Aristote a emprunté à Hippocrate, et sans jamais le citer, tout ce qu'il a dit de l'organisation des animaux. Il a pensé, disent-ils, que ses larcins resteraient inaperçus, et que les ouvrages du médecin de Cos ne passeraient pas à la postérité. Riolan (*Anthropographia*, lib. I, cap. 3) répète le même reproche de déloyauté et ajoute qu'Aristote a fait preuve de la plus noire ingratitude envers les philosophes et s'est enrichi de leurs dépouilles. William Jones et Buchez (*Introduction à l'étude des sciences*) insinuent que les parties les plus importantes de l'œuvre du Stagirite se trouvaient déjà dans les anciens livres de l'Inde que lui fit parvenir son neveu Callisthène, et qu'il a anéantis après s'en être approprié le contenu.

extrémités capillaires des veines avec lesquelles elles s'anastomosent. D'après eux, les veines seules sont les véritables canaux sanguins. Toutefois, et sauf l'erreur anatomique d'une prétendue communication entre les bronches et les gros troncs artériels, il est certain que, même avant Hérophile, Erasistrate et Galien, la distinction des artères et des veines était parfaitement établie, de sorte que le substantif φλέψ s'appliquait tantôt aux deux ordres de vaisseaux sanguins, comme c'est le cas dans la description faite au livre III de l'Histoire des animaux, tantôt aux artères, tantôt aux veines seulement dans une partie de cette même description. Par conséquent, lorsqu'on veut traduire les passages des anciens anatomistes grecs où il est question du cours du sang, il est nécessaire de les interpréter afin de leur donner une signification exacte, suivant qu'il s'agit des vaisseaux sanguins en général, ou des artères et des veines en particulier.

On aurait fort embarrassé les susdits critiques en leur demandant la preuve de leurs assertions fantaisistes, et comme la légèreté de leur langage appartient plutôt à la comédie qu'à la science rigoureuse, on pourrait répondre que Sganarelle, du *Médecin malgré lui* de Molière, était le seul homme qui eût été capable de nous apprendre dans quels « chapitres se trouvent toutes les admirables choses » qu'Aristote a empruntées aux écrivains Chinois, Hindous, Persans, Juifs et Égyptiens.

On ne comprend pas pourquoi Aristote aurait volontairement omis de parler des opinions d'Hippocrate, s'il en avait eu connaissance, alors qu'il n'a pas hésité à rapporter textuellement la description des vaisseaux sanguins donnée par Polybe, gendre du médecin de Cos. Du reste, Galien, qui a longuement disserté sur les œuvres du Père de la médecine et sur les commentaires qui en ont été faits, déclare formellement qu'Hérophile, fondateur de l'École anatomique d'Alexandrie, est le premier qui ait discuté la doctrine d'Hippocrate ; de sorte que, comme l'a dit Littré, il est presque certain que la collection des œuvres hippocratiques a été réunie dans l'intervalle de temps écoulé entre la mort d'Aristote et la fondation de l'École d'Alexandrie. Aristote avait donc d'excellents motifs pour ne pas citer les œuvres d'Hippocrate, quoiqu'il connût parfaitement l'existence de ce célèbre médecin, ainsi que le prouve un passage de son *Traité de Politique* (1).

---

(1) « Lorsque je dis le grand Hippocrate, l'épithète grand s'adresse au médecin, non à l'homme. » (Livre IV, chap. 4, § 3.)

Assurément si les auteurs anciens avaient été aussi pressés que le sont les modernes de publier leurs élucubrations, le chef du Lycée d'Athènes aurait pu avoir connaissance des écrits du grand Hippocrate, et nous ne prétendons pas que les détracteurs d'Aristote aient commis un anachronisme tel que celui qui a été placé sciemment par Thomas Corneille dans la bouche d'un des personnages de sa comédie, le *Festin de Pierre*, dans

En ce qui concerne la Zoologie, il est impossible de citer un livre où Aristote ait pu puiser des notions sur la structure anatomique des animaux. Les renseignements fournis par Hérodote sur l'Antilope Oryx, le Bubalis, la Pygargue, l'Aurochs, le Chacal, l'Ibis et le Crocodile manquent de précision. Du reste, Hérodote n'avait aucune prétention à la rigueur scientifique, et songeait plus à amuser ses lecteurs qu'à les instruire, comme le prouvent les récits merveilleux dont il a émaillé ses Histoires (1).

Ctésias avait écrit un livre sur les productions de la Perse et de l'Inde. En lisant les fragments qui en restent, on demeure convaincu qu'Aristote a bien jugé lorsqu'il a dit que Ctésias ne mérite aucune confiance (2).

le but de se moquer des pédants qui invoquaient à tout propos l'autorité du Péripatéticien :

> Quoi qu'en dise Aristote et sa docte cabale,
> Le *Tabac* est divin, il n'est rien qui l'égale.

(1) Il y a dans l'Inde, dit Hérodote, des fourmis presque aussi grosses qu'un chien ; elles creusent leurs tanières dans un sable aurifère. Lorsque les Indiens viennent recueillir ce sable précieux, les fourmis, alléchées par l'odeur humaine, se réunissent pour les attaquer, mais avant qu'elles aient achevé leurs préparatifs de combat, les Indiens se hâtent de prendre la fuite emportant leur butin, sinon aucun d'eux ne resterait sain et sauf. (Livre III, 102.)

Dans le nord de l'Europe vivent les Arimaspes, lesquels n'ont qu'un œil et passent leur temps à enlever l'or aux Griffons préposés à la garde du métal. — Au pied d'une montagne de la Scythie, au-delà du pays habité par la nation chauve, vivent des hommes ayant des pieds de chèvre. (Livre III, 196.)

Hérodote a beau prévenir le lecteur qu'il n'ajoute pas foi à ces récits, on sent qu'il a pris plaisir à les répéter.

(2) Suivant Ctésias, « on trouve dans l'Inde une nation de 120,000 Pygmées à voix de chien, sans cesse en guerre avec les grues. — Un peu plus loin vivent les Monocoles qui, bien que n'ayant qu'une jambe, sautent avec une prodigieuse agilité ; puis les Sciapodes, dont le pied est si large qu'ils s'en servent, comme d'une ombrelle, pour se protéger contre les ardeurs du soleil, en se tenant couchés sur le dos. »

« Parmi les animaux de l'Inde, il en est un, appelé Mantichore, qui a un corps de lion, la peau d'un rouge sanguin, la face humaine, les yeux glauques, la bouche armée de trois rangées de dent, la queue prolongée

C'est donc à bon droit que depuis Gesner et Scaliger jusqu'à MM. Milne Edwards et Carus, les savants les plus
autorisés ont considéré Aristote comme le créateur de la
Zoologie descriptive et de l'Anatomie comparée. Malheureusement ses ouvrages qui marquent une phase importante
dans l'évolution de l'esprit humain ne nous sont arrivés que
tronqués et mutilés. Des 5o livres dont se composait l'*Histoire des animaux*, nous ne possédons que 9 livres au milieu
desquels on constate des lacunes, des répétitions et des inter-
polations que démontrent suffisamment certains passages et
même des chapitres sans liaison ni avec les précédents, ni
avec les suivants.

Cependant, telle quelle, l'*Histoire des animaux* est la plus
authentique des œuvres attribuées à Aristote ; nous en avons
comme preuve la concordance du texte avec les citations faites
par Pline, Ælien, Athénée, Galien et Plutarque. C'est donc
une erreur, ou du moins une exagération, que de prétendre,
comme l'ont fait avec tant d'aigreur Ramus et Patrizzi, que
tous les ouvrages attribués à Aristote ont été composés longtemps après la mort du Maître par des adeptes inconnus de la
secte péripatéticienne. De pareilles assertions ont été émises
non-seulement au sujet d'Aristote, mais encore à propos
d'Hippocrate et d'Homère. On a même contesté l'existence de
ces deux derniers. Les Zoïles qui ont pensé se rendre célèbres
en niant l'authenticité des productions attribuées à ces
hommes illustres n'ont pas compris qu'ils ne faisaient que
reculer la difficulté ; car, en fin de compte, il a bien existé
un poète qui a chanté la guerre de Troie et les aventures

en aiguillon, et enfin une voix retentissante comme le son de la trom-
pette avec des modulations de chalumeau. La Mantichore est rapide à la
course et a un goût très-vif pour la chair de l'homme. »

Par ces citations on peut se faire une idée de l'esprit scientifique des
prédécesseurs d'Aristote et des ressources qu'ils ont pu lui fournir.

d'Ulysse. Il importe peu que ses rhapsodies, conservées d'abord par tradition orale, aient été recueillies après sa mort et réunies sous le titre d'*Iliade* et d'*Odyssée*.

Il y a eu certainement un autre homme qui a fait connaître les résultats de l'expérience médicale des Asclépiades et la sienne propre.

Enfin, ce serait le comble de l'absurdité de soutenir que quelqu'un, à moins qu'il ne fût un de ces sorciers dont parle la légende, a pu écrire l'*Histoire des animaux* sans avoir à sa disposition les nombreux matériaux qu'avait amassés Aristote, ou sans avoir pris des notes détaillées en écoutant les leçons du Maître.

Tout ce qu'il est permis d'avancer, c'est que l'œuvre du Stagirite ne nous est pas parvenue telle qu'elle est sortie des mains de son auteur, et que certaines parties ont éprouvé de nombreuses altérations. Nous ne reviendrons pas sur ce qui a été dit plus haut au sujet de la Philosophie première, ouvrage aussi obscur que mal ordonné, et sur quelques autres écrits dont l'authenticité est fort contestable, les Problèmes, les Récits merveilleux, les Traités du Monde et des Plantes, la Grande Ethique et l'Ethique à Eudème qui sont en grande partie des répétitions de l'Ethique à Nicomaque. Il y a lieu de croire que, comme l'a dit Ammonius, plusieurs des disciples d'Aristote s'appliquèrent à retracer l'enseignement de leur Maître.

Peut-être aussi Ptolémée-Philadelphe, qui payait un grand prix les manuscrits d'Aristote, fut-il parfois dupe de quelques falsificateurs assez habiles pour imiter le style et l'écriture elle-même du grand philosophe. Cependant il importe de considérer que si des sectateurs de la doctrine péripatéticienne ont pu facilement composer des pastiches philosophiques adroitement imités au point de donner le change sur leur véritable origine, il était au-dessus du pouvoir de qui que ce fût de rétablir les livres détruits de l'Histoire des animaux, attendu que les détails anatomiques ne s'inventent pas par un simple effort de réflexion et encore moins par la puissance de l'imagination. On peut donc affirmer que ni Apellicon qui, le premier, transcrivit les ouvrages du Maître, ni Tyrannion et Andronicus qui les arrangèrent, ni aucun autre à cette époque n'eût été capable de combler les lacunes de l'œuvre zoologique d'Aristote, et que, par conséquent, celle-ci nous est parvenue à peu près telle qu'elle fut transmise à Sylla, sauf les altérations introduites par les copistes grecs et romains, puis par les syriens et les arabes (1).

(1) Strabon raconte que Théophraste avait légué à son disciple Nélée les manuscrits d'Aristote. Les héritiers de Nélée, voulant les soustraire aux recherches du roi de Pergame, qui désirait vivement en enrichir sa bibliothèque, les déposèrent dans un souterrain où ils restèrent enfouis pendant un siècle. Lorsqu'on les retira de la cachette, ils étaient en partie détruits par les moisissures et les vers. Un bibliophile, nommé Apellicon, plus riche qu'instruit, les acheta pour en faire une copie et eut la malheureuse idée d'essayer une restitution des parties détruites ou détériorées. Plus tard, Sylla, ayant acheté la copie, la fit transporter à Rome, et chargea le grammairien Tyrannion et le philosophe Andronicus de la revoir et de la corriger. C'est cette édition, transcrite à un grand nombre d'exemplaires, qu'ont connue tous les rhéteurs, philosophes et naturalistes des derniers temps de la République romaine et des premiers siècles de l'ère chrétienne. Cicéron lui-même disait qu'il est de notoriété qu'Aristote « a parlé savamment de la génération de tous les animaux, de leur manière de vivre, de leur conformation. Théophraste a écrit sur la nature des plantes et de presque toutes les productions de la terre ; il en a examiné les causes et les effets, et a dévoilé ainsi une multitude de phénomènes cachés. Ces deux philosophes nous ont appris à parler en logiciens et en orateurs ». (*De Finibus bonorum et malorum ;* V, 4.)

Quelques historiens regardent comme une fable le récit de Strabon au sujet du souterrain de Nélée et admettent plus volontiers que les manuscrits d'Aristote et de Théophraste, de même que tant d'autres, ont été détruits lors de l'incendie qui fut allumé à Alexandrie par les soldats de César. Cependant il importe de remarquer que, sauf l'épisode du souterrain, le récit de Strabon concorde avec celui de Plutarque, en ce qui concerne le transport à Rome de la bibliothèque d'Apellicon de Théos, où se trouvaient les ouvrages d'Aristote et de Théophraste, fort peu connus alors, même des anciens élèves du Lycée. Plutarque dit aussi que Ty-

Il sembla d'abord que l'impulsion donnée par Aristote à l'étude des sciences serait féconde en résultats. En effet, Théophraste continua brillamment au Lycée l'enseignement institué par l'illustre Maître et, comme lui, composa sur divers sujets un grand nombre d'ouvrages (1).

Parmi ceux qui nous sont parvenus, on remarque surtout, outre les *Caractères* que notre La Bruyère a rendus célèbres, l'*Histoire des plantes*, les *Causes de la végétation* et le *Traité des pierres*.

Les écrits botaniques de Théophraste sont conçus suivant le plan adopté dans l'*Histoire des animaux* : ce sont, à proprement parler, des traités d'organographie et de physiologie végétale, dans lesquels l'auteur étudie successivement la structure et les fonctions des racines, des tiges, des feuilles, des fleurs et des fruits. A l'appui de ses démonstrations, il cite l'exemple de 5oo plantes; mais, comme c'est encore actuellement l'habitude dans la composition de ces sortes de livres, il ne les décrit pas et les suppose connues de ses lecteurs.

A ce propos, il n'est pas inutile de faire remarquer qu'aucun des anciens naturalistes grecs et romains n'a écrit un traité descriptif pareil à nos Flores et Faunes modernes ; de sorte qu'il est fort difficile et souvent impossible d'appliquer aux espèces animales et végétales citées par eux le nom qu'elles portent dans la nomenclature actuelle (2).

rannion et Andronicus de Rhodes mirent en ordre et *éclaicirent* plusieurs écrits des deux philosophes altérés par les ignorants héritiers de Nélée. (*Vie de Sylla*, 32.)

(1) Diogène Laerte a énuméré les titres de 229 traités écrits par Théophraste sur toutes les branches des connaissances humaines. Théophraste avait une grande érudition et une merveilleuse facilité d'élocution qui attirèrent au Lycée un nombre considérable d'élèves.

(2) Voyez sur cette question nos deux opuscules : *Réforme de la Nomenclature botanique*, 1880 ; et *Remarques sur la Nomenclature botanique*, 1881. Paris, J.-B. Baillière.

Après la mort de Théophraste, le Lycée d'Athènes tomba
en décadence. D'ailleurs, la Grèce, en proie à des dissensions
interminables, ne tarda pas à tomber sous le joug romain,
et alors le foyer des sciences et des lettres fut transporté à
Alexandrie où déjà brillait d'un vif éclat l'École d'anatomie
et de médecine illustrée d'abord par Hérophile son fondateur, qui probablement était un élève d'Aristote, puis par
Erasistrate, disciple de Théophraste.

Ces deux anatomistes paraissent être les premiers qui osè-
rent disséquer des cadavres humains, soit pour étudier la
structure des organes, soit afin de découvrir les lésions produites par les maladies. Ils décrivirent beaucoup mieux
qu'on ne l'avait fait auparavant la conformation du cerveau
et de ses enveloppes et reconnurent qu'il est le siège de la
pensée et des sensations. Ils constatèrent que la moelle est
la continuation de l'encéphale et émet de chaque côté de la
colonne vertébrale des cordons nerveux, les uns moteurs,
les autres sensitifs.

Ils découvrirent les vaisseaux lactés (chylifères), les val-
vules auriculo-ventriculaires et aortiques, précisèrent les
caractères différentiels des artères et des veines et, en particulier, ceux qui distinguent la veine artérieuse (artère pulmonaire) de l'artère veineuse (veine pulmonaire) (1).

Galien de Pergame, comprenant de bonne heure que la
connaissance de la structure et des fonctions de nos organes
est le prélude indispensable des études médicales, se rendit à
Alexandrie afin de s'y exercer dans l'art de la dissection. Il

(1) On sait que, se fondant sur la structure, les anatomistes modernes
ont appelé *artère pulmonaire* le vaisseau qui laisse passer le sang veineux
du ventricule droit jusqu'aux poumons, et *veine pulmonaire* celui par
lequel le sang artérialisé revient du poumon au ventricule gauche. Peut-
être le nom d'artère veineuse appliqué à l'artère pulmonaire aurait-il
présenté l'avantage de rappeler aussitôt à l'esprit des élèves la nature du
liquide charrié.

revint ensuite à Pergame pour y pratiquer la médecine ;
mais par l'effet d'une pusillanimité qu'il ne sut jamais dompter, il prit peur à l'occasion d'une émeute populaire et se
sauva à Rome, où il ne tarda pas à se faire remarquer par
l'étendue de son savoir. Une épidémie de peste le fit fuir
de Rome et retourner dans sa patrie, ainsi qu'il l'a raconté
lui-même.

Si Galien n'a pas brillé par le courage professionnel, il a
été du moins le plus grand anatomiste de l'antiquité. Dans
ses neuf livres d'*Administrations anatomiques* et dans son
Traité des *fonctions des organes*, il a décrit avec une exactitude beaucoup plus grande que tous ses prédécesseurs les
diverses parties de l'encéphale et particulièrement le corps
calleux, la voûte à trois piliers, les éminences mamillaires,
les ventricules, la glande pinéale qu'il considérait longtemps
avant Descartes comme le siège de l'âme, le *septum lucidum*,
le plexus choroïde, le cervelet, les paires de nerfs qui émanent du cerveau ; — puis la moelle et les nerfs qui en proviennent, la plèvre, le péritoine, le larynx, les muscles ; il
étudia la formation du son par le passage de l'air à travers
la glotte ; au moyen d'une section des nerfs récurrents, il
démontra expérimentalement l'influence que ces cordons
nerveux exercent sur les muscles du larynx et conséquemment sur la phonation.

L'une des plus importantes découvertes de Galien est relative aux fonctions des artères. Nous avons dit plus haut que
tous ses prédécesseurs croyaient que le sang est contenu
seulement dans le cœur et dans les veines, et que les artères
sont destinées à transmettre l'air depuis les bronches jusque
dans l'intérieur des organes. Galien démontra que l'erreur
dans laquelle on était resté à ce sujet venait de ce qu'on
n'avait observé jusqu'alors les vaisseaux sanguins que sur
les animaux morts. tandis que si on avait expérimenté sur

les animaux vivants on aurait vu que les artères ne contiennent pas d'air, mais bien un sang d'un rouge plus clair que celui des veines, et qu'elles s'anastomosent avec celles-ci par leurs extrémités périphériques.

Si donc on avait pratiqué des vivisections, on n'aurait jamais eu l'idée d'imaginer une prétendue communication des bronches avec le système artériel. En outre, ajoutait Galien, on aurait vu que les artères partent directement du cœur qui est le moteur principal du sang. En effet, lorsque après avoir sectionné une artère, on introduit un tube dans le bout supérieur, on constate que les pulsations cessent dans le bout inférieur et continuent dans l'autre. Du reste, la communication des artères avec les veines est prouvée par ce fait que si on laisse béante l'extrémité d'une artère sectionnée, on reconnaît, après la mort de l'animal par hémorrhagie, que non-seulement les artères, mais les veines elles-mêmes sont exsangues.

Après de pareilles observations, on est surpris que ni Galien, ni aucun anatomiste avant Michel Servet et Harvey, n'ait eu l'idée de la circulation permanente du sang.

Où se forme ce liquide ? Ce n'est pas dans le cœur, comme on le croyait depuis Aristote ; n'est-ce pas plutôt dans le foie ? On est porté à le supposer, disait Galien, si l'on considère que cet organe reçoit par la veine porte, tronc principal de l'arbre des veines mésentériques, le produit de l'élaboration des aliments pendant leur passage dans l'estomac et les intestins.

Quant aux reins, ils ont pour fonctions, d'après le médecin de Pergame, de purifier le sang en lui enlevant l'excès d'eau qu'il contient. L'idée d'attribuer aux reins le rôle d'émonctoires, et au foie la faculté de concourir à la sanguification, est certainement de la part de Galien une heureuse hardiesse qui fait le plus grand honneur à sa perspicacité,

surtout si l'on considère qu'il ne pouvait en aucune manière
soupçonner les phénomènes chimiques accomplis par suite
de l'introduction de l'air dans le sang. Au surplus, malgré
les découvertes de la physiologie moderne, la formation du
liquide sanguin est encore une énigme, et nous serions bien
embarrassés de donner la formule chimique de la transformation des éléments du chyle en corpuscules hématiques (1).

De cet exposé sommaire des travaux d'Hérophile, d'Erasistrate et de Galien, il ressort que, depuis Aristote jusqu'à
la fin du second siècle de l'ère chrétienne, l'Anatomie de
l'homme avait fait de grands progrès. Il n'en fut pas de
même de la Zoologie descriptive, ainsi qu'il est facile de le
constater en lisant l'*Histoire naturelle* de Pline et le *Traité
de la Nature des animaux* d'Ælien, ouvrages qui, néanmoins,
sont fort intéressants à consulter pour connaître l'état de la
science jusqu'à la fin du troisième siècle, et dans lesquels on
trouve des renseignements empruntés à des auteurs dont les
écrits ne nous sont pas parvenus (2).

(1) Les écrits médicaux de Galien sont bien loin de valoir ses ouvrages
anatomiques : la plupart consistent en commentaires subtils de la théorie
hippocratique des quatre humeurs, suivis de l'énumération de remèdes
composés d'une multitude de drogues disparates.

(2) Pline dit que, pour la partie zoologique, il a abrégé les 50 volumes
d'Aristote sur les animaux, en y ajoutant plusieurs faits que ne connaissait pas cet éminent naturaliste (*Hist. nat.* livre VIII, chap. 17 Littré.)

Parmi ces faits nouveaux, il en est que Pline aurait dû ne pas relater,
comme, par exemple, celui qu'il a emprunté à Mégasthène : « Parmi les
peuplades de l'Inde, on remarque les Scyrites, dont les pieds sont aussi
flexibles que le corps des serpents et qui ont seulement deux trous à la
place du nez; — puis les Astomes des sources du Gange, dont le corps
est entièrement couvert de longs poils, et qui ont un genre de nourriture
fort économique, car, privés de bouche, ils vivent uniquement de l'odeur
des plantes. » (Livre VII, chap. 2, 18. Littré.)

En ce qui concerne la Botanique, Pline, absolument dépourvu d'expérience personnelle, emprunte tout ce qu'il rapporte à Pythagore, Démocrite, Apollodore, Théophraste, Phanias, Magon, Nicander, Métrodore,
Cratevas, Chaereas, Glaucias, Chrysippe, Dionysias, et à quelques autres
phytologues dont les œuvres ont péri.

Malheureusement l'*Histoire naturelle* de Pline est une compilation indigeste, dépourvue d'ordre et d'esprit critique. Le traité *de Natura animalium* d'Ælien est, pour la plus grande partie, une paraphrase des ouvrages zoologiques d'Aristote, avec addition d'une multitude de fables absurdes, telle que celle de ces peuples de la Lybie occidentale qui n'ont pas de tête et dont les yeux sont placés sur la poitrine.

Outre les deux ouvrages de Théophraste cités plus haut, l'Histoire naturelle de Pline (livres XII à XXVII), quelques opuscules de Galien, notamment celui qui a pour titre *de simplicium medicaminum Facultatibus*, il ne nous reste qu'un petit nombre d'anciens écrits touchant la Botanique : ce sont, chez les Grecs, les *Theriaca* de Nicander et la *Matière médicale* de Dioscoride; puis, parmi les Latins, les traités *de herbarum Virtutibus* attribués à Apulée de Madaure et à Emilius Macer; enfin, les traités *de Medicamentis* de Marcellus Empiricus et *de Compositione medicaminum* de Scribonius Largus. Ces trois derniers, de même que les *Theriaca*, sont d'un bien faible secours pour nous faire apprécier les connaissances phytologiques des anciens, attendu qu'ils sont remplis d'indications thérapeutiques et de formules de remèdes. En outre, il est fort probable que les ouvrages attribués à Apulée et à Macer ont été composés longtemps après la mort de ces médecins par des auteurs restés inconnus. En dernière analyse, l'*Histoire des plantes* de Théophraste, le traité des *Causes de la végétation* du même naturaliste et la *Matière médicale* de Dioscoride sont les seuls documents importants de la Botanique des anciens. Afin d'éviter des répétitions inutiles, nous renvoyons à ce que nous avons dit au sujet de ces livres dans la *Réforme de la Nomenclature botanique* où nous avons présenté la liste des plantes connues autrefois des Grecs et des Romains, en y ajoutant des commentaires sur plusieurs d'entre elles. Du reste, dans la se-

conde partie du présent travail consacrée à l'exposé des opinions émises par les anciens naturalistes sur plusieurs questions scientifiques, nous aurons soin de rapporter ce qu'ils
ont écrit touchant la génération, la fécondation et la classification des plantes.

SECONDE PARTIE

DOCTRINE DES ANCIENS NATURALISTES

Unité de la matière et des forces.

D'après Héraclite, qui vivait 5oo ans avant l'ère chrétienne,
le feu est l'élément primordial dont dérive tout ce qui existe
dans l'univers ; il est l'origine de toute force, ou plutôt il est
la force elle-même se modifiant suivant les corps sur lesquels
elle agit, et ne faisant que passer de l'un à l'autre sans éprou-
ver aucune augmentation ni diminution. — Chaleur, lumière,
mouvement, vie, intelligence sont les formes diverses de cet
agent éternel, assujetti à des lois précises et immuables.

A considérer le monde, il semble que les êtres sont dans
une instabilité incessante, que rien n'est, ou plutôt que
l'existence actuelle est éphémère et progresse suivant la loi
du perpétuel devenir, τὸ ἀεί γενέσθαι. En réalité, cette mobilité
phénoménale est l'évolution d'une seule matière et d'une
force unique qui, pareille au Protée de la fable, subit une
série de transformations indéfinies.

Au surplus, la force se décompose en deux impulsions,
l'une attractive, l'autre répulsive, se combinant en une résul-
tante unique. C'est ainsi que l'harmonie générale du monde
est le produit de l'union des contraires.

Il est facile de reconnaître dans la doctrine d'Héraclite le
germe des célèbres théories de Kant sur la conciliation des
antinomies, et d'Hegel sur la synthèse que la philosophie

doit établir pour faire cesser l'antagonisme entre la thèse et l'antithèse.

Vingt-trois siècles après Héraclite, les physiciens de notre temps s'appliquent à démontrer par l'observation la circulation incessante de la matière et l'identité de composition des sphères célestes, ainsi que la transformation des forces. Quelques-uns même, allant au-delà des données de l'expérience actuelle, tendent à croire, avec le philosophe d'Éphèse, à l'unité élémentaire de la matière cosmique.

N'est-ce pas le cas de répéter la remarque faite autrefois par Horace : *multa renascentur quae jam cecidere.*

Génération des plantes et des animaux.

Tandis que Thalès, Anaximène et Héraclite admettaient l'existence d'un seul élément primordial, l'eau, d'après le premier, l'air, suivant le second, le feu, selon le troisième, Empédocle soutenait que tous les êtres doivent leur origine à quatre éléments qui sont l'eau, le feu, la terre et l'air.

Cette doctrine, modifiée par Aristote, qui admettait, en outre, une cinquième substance plus subtile, l'éther, a régné souverainement dans les Écoles jusqu'à la démonstration faite par Priestley et Lavoisier de la composition de l'air et de l'eau.

D'après Anaxagore, le nombre des éléments était plus considérable : d'abord disséminés dans l'espace, ils se sont peu à peu réunis en groupes homogènes, en vertu de l'attraction mutuelle qui s'exerce entre les particules similaires (homoeoméries).

Enfin, d'après Leucippe et Démocrite, la matière est composée de molécules de diverses formes, insécables (atomes), inaltérables, animées d'un mouvement éternel, et qui en se rencontrant constituent tout ce qui existe dans l'univers.

Pour nous borner aux êtres vivants, constatons que tous les anciens naturalistes s'accordent, malgré les divergences de leurs doctrines, à proclamer que les plantes et les animaux ont été produits à l'origine par génération spontanée, et voici quel est, suivant Lucrèce, l'ordre de leur apparition : « Au commencement, les collines et les montagnes se revêtirent d'herbes de toute sorte, puis d'arbrisseaux et d'arbres. Plus tard, naquirent les animaux ovipares, ensuite les vivipares, et enfin l'homme. » (*De Natura rerum*, lib. V.)

Ovide, dans le premier livre de ses *Métamorphoses*, raconte aussi que les premiers êtres formés furent les Plantes, puis les Poissons et les Oiseaux, ensuite les Quadrupèdes, et, en dernier lieu, le plus noble des animaux, celui qui, façonné à l'image des Dieux, devait régner sur le monde par la puissance de son génie.

Mais, dira-t-on, pourquoi de nos jours la terre n'enfante-t-elle plus tous les êtres qu'elle produisait à l'origine ? C'est, répond Lucrèce, parce qu'elle a perdu la vigueur qu'elle possédait au temps de sa jeunesse. Cependant, même aujourd'hui, cette mère bienfaisante donne encore naissance à un grand nombre d'animaux inférieurs, lorsqu'elle est fécondée par la pluie et par la chaleur du soleil.

Aristote est du même avis : actuellement, dit-il, les animaux se reproduisent : 1° par viviparité ; 2° par oviparité ; 3° par vermiparité (1). Les végétaux se perpétuent par semence, ou d'une manière artificielle, par bouture d'un rameau et par greffe. Cependant il existe des plantes et des animaux formés, sans le secours de parents, par suite de la combinaison de principes semblables à ceux qui les constituent normalement (*Hist. anim.*, V, 1). Les animaux, dits

---

(1) Les anciens naturalistes ne connaissaient pas le mode de reproduction des Annélides et des Polypes par scission.

αὐτόματοι, naissent, les uns dans le sable, comme c'est le cas de l'Aphye ; d'autres dans la terre humide en putréfaction, exemples : le ver de l'Empis, plusieurs Mollusques, tels que l'Huître, la Téthye, le Gland, le Lépas, la Nérite, les Pourpres et les Pétoncles, et même quelques Poissons, entre autres l'Anguille et les Muges (*Hist. anim.*, V, 15).

Parmi les Insectes, il en est qui sont produits par les plantes : les Tiques par les Graminées, les Chenilles des Papillons par les feuilles vertes, le Scolex par la tige du Chou, la Cantharide par le ver du Figuier, du Poirier, du Pin et de l'Églantier, le Psen par le ver du Figuier sauvage, le Taon par le bois (livre V, chap. 19 et 32).

Plusieurs animaux se forment dans les matières animales, les Puces dans les ordures en décomposition, les vers des Mouches dans les excréments, ceux du Scarabée plus particulièrement dans les déjections du Bœuf et de l'Ane, les Punaises et les Poux dans le suint de la peau, les Taenias, les Lombrics et les Ascarides dans les intestins (1), la Teigne dans la laine, l'Acari dans la cire, les livres et le linge, le ver du Conops dans la lie de vinaigre (livre V, chap. 31).

Les habitants de l'île de Chypre prétendent qu'il se produit dans les fours où l'on calcine le colcothar un animal nommé

---

(1) On connaît la légende, rendue célèbre par l'épisode du IVᵉ livre des *Géorgiques*, d'après laquelle les Abeilles prennent naissance dans les entrailles décomposées d'un taureau.

Pline, qui semble avoir pris plaisir à rapporter des faits merveilleux, dit qu'on a vu des serpents naître de la moelle d'un homme (*Hist. natur.*, livre X, chap. 86) ; que des perdrix ont été fécondées quand elles se trouvaient sous le vent du mâle, ou même simplement en entendant la voix du mâle (livre X, chap. 51). Il raconte aussi que les officiers d'Alexandre assurent avoir vu dans l'Inde des rats se féconder en se léchant (livre X, chap. 85). Enfin Pline tient pour certain qu'en Lusitanie des juments ont été fécondées en se tournant du côté du vent Favonius. Les poulains qui naissent de cette imprégnation sont extrêmement rapides à la course (livre VIII, chap. 67).

Pyralis, qui meurt dès qu'on le retire du foyer incandescent.
La Salamandre, dit-on, n'a pas de sexe et jouit de la faculté
de marcher à travers le feu et même de l'éteindre sur son
passage.

Théophraste admettait que quelques petites plantes her-
bacées et annuelles sont produites par génération spontanée ;
mais peut-être, ajoutait-il, plusieurs espèces qu'on croit être
αὐτόματοι proviennent de semences si petites qu'elles échappent
à l'observation (*de Causis plantarum,* lib. I, cap. 5). Parmi
les arbres, le Figuier est le seul qui puisse naître d'une
génération spontanée (*de Causis plantar.,* II, 10).

Il rejetait l'opinion des panspermistes qui, avec Anaxagore,
soutenaient que les germes des êtres vivants sont disséminés
partout et se développent quand ils trouvent des conditions
favorables d'humidité, de température et de substratum. Il
n'est point vrai, dit-il, que les plantes proviennent de semences d'abord en suspension dans l'air, puis entraînées par
la pluie sur la terre. Assurément, on voit quelquefois appa-
raître certaines espèces végétales sur des territoires où elles
n'existaient pas auparavant et où personne ne les a semées.
Mais pour expliquer de tels faits, il n'est pas nécessaire
d'imaginer des hypothèses extraordinaires : il suffit de se
rappeler que des graines sont souvent entraînées par les
cours d'eaux et par les vents à des distances plus ou moins
considérables. En ce qui concerne le dernier mode, on sait
que certaines graines sont munies d'aigrettes ou de matières
cotonneuses qui les rendent très-légères et facilement trans-
portables par les vents. En outre, les travaux d'ameublisse-
ment du sol ramènent à la surface des semences qui ne pou-
vaient germer parce qu'elles étaient trop profondément
enfouies. C'est en partie à cette cause qu'est due l'alternance
de la végétation observée en un même lieu (*Histor. plantar.,*
III, 1). Les naturalistes qui ont prétendu que le Gui se

forme par génération spontanée ont oublié que certains oiseaux sont friands des graines de cette plante parasite et les déposent avec leurs excréments sur les branches des arbres (*de Causis plantar.*, II, 17)

La doctrine des anciens relativement à la génération spontanée a régné jusqu'à la fin du XVII° siècle. Les perfectionnements apportés au microscope par Leuwenhoeck, les observations de ce patient investigateur, celles de Swammerdam et de Malpighi continuées jusqu'à nos jours par un grand nombre de naturalistes, ont fait connaître les divers modes de reproduction des animaux et des plantes que les anciens Grecs appelaient αὐτόματοι, et il y a lieu d'espérer que les incertitudes qui restent encore relativement à la génération de quelques espèces animales et végétales seront peu à peu dissipées. Enfin les belles expériences de M. Pasteur ont changé en vérité scientifique l'hypothèse hardie d'Anaxagore au sujet de la dissémination des germes dans l'atmosphère, l'eau et le sol, et ont ainsi ouvert de nouveaux horizons pour découvrir la cause des fermentations et de la production des maladies contagieuses. De sorte que si, pendant les anciennes périodes géologiques, les êtres vivants ont été produits spontanément par la combinaison des éléments chimiques (ce que personne ne peut savoir), il ne semble pas que pareille genèse ait lieu actuellement.

Fécondation des plantes.

L'histoire des sciences nous offre parfois un phénomène étrange : des faits déjà connus des anciens naturalistes ont été oubliés au point qu'il a fallu les découvrir de nouveau à l'aide de longues et patientes observations. Tel est le cas de la doctrine de la sexualité des plantes.

En effet, pendant le cours du XVII° siècle, on vit Prosper

Alpin, Césalpin, Thomas Willington, Bobart, Ray, Came-
rarius et Boccone se livrer à de nombreuses expériences
dans le but de démontrer que la fécondation des plantes est
analogue à celle des animaux, et, en outre, que l'étamine
représente l'organe mâle, tandis que le pistil est l'organe
femelle. Leurs travaux suscitèrent d'ardentes polémiques et
eurent pour contradicteurs Trionfetti, Réaumur, Spallanzani,
Leuwenhoeck et l'illustre Tournefort lui-même. Ce dernier,
si perspicace d'ordinaire, soutenait que les pistils et les
étamines sont des organes excréteurs de même genre que
les glandes. Enfin, les expériences de Geoffroy, de Bradley,
de Vaillant et de Jussieu vinrent confirmer définitivement
celles des premiers observateurs, et Linné put proclamer
que la doctrine de la sexualité des plantes est un dogme
scientifique hors de contestation. Les ingénieuses recherches
de Koelreuter sur la production artificielle des hybrides
ajoutèrent un intéressant chapitre à l'histoire de la fécondation des espèces végétales.

On est surpris que tant d'efforts aient été nécessaires pour
arriver à la démonstration d'un fait que les agriculteurs connaissaient dès la plus haute antiquité, et que Théophraste,
le plus ancien des botanistes grecs, avait longuement expliqué dans plusieurs chapitres de l'*Histoire des plantes* et des
Causes de la végétation, les seuls ouvrages phytologiques de
ce Maître qui aient survécu. Il ne sera donc pas inutile de
rappeler ce qu'a dit Théophraste sur ce sujet; et comme ses
écrits ont éprouvé de nombreuses altérations et interpola-
tions de la part des maladroits grammairiens qui, malgré
leur ignorance en Botanique, se sont donné la tâche d'arran-
ger et d'*éclaircir* le peu qui est resté du *divin parleur* qu'ad-
mirait tant la jeunesse studieuse d'Athènes, j'ai cru que la
pensée de l'auteur se dégagerait plus nette du fatras confus
qu'on nous a laissé, en rapprochant les uns des autres les

divers passages où il est question du mécanisme de la fécondation des plantes.

Dans le fruit du Figuier sauvage se forme un insecte
appelé Psen, qui, n'y trouvant pas une quantité suffisante
de matière nutritive, le perfore au sommet et va ensuite
se poser sur les Figuiers cultivés où il produit deux résultats : en premier lieu, il féconde les fleurs femelles en y
apportant la poussière pollinique, et il est digne de remarque
que les figues les plus nombreuses et les plus grosses se
forment dans les fleurs qui ont reçu la plus grande quantité
de pollen (κονιορτός); secondement, il hâte la maturation des
fruits déjà formés en les piquant. On voit, en effet, les
figues piquées grossir et se colorer de diverses nuances,
tandis que celles qui n'ont pas été visitées par le Psen restent blanches et comme avortées (*Histor. plantar.*, II, 8). C'est
pourquoi, afin de faciliter ce double résultat, on a soin de
placer près des Figuiers cultivés des Figuiers sauvages (*de
causis plantar.*, II, 9).

La fécondation artificielle opérée par les insectes dans les
fleurs du Figuier est depuis un temps immémorial pratiquée
en Afrique. On sait que les Dattiers sont les uns mâles et
stériles, les autres femelles et fructifères, comme c'est aussi
le cas de plusieurs autres arbres, le Genevrier, par exemple
(*Histor. plantar.*, III, 3). Le Dattier mâle a la fleur environ-
née d'une spathe (*Histor. plantar.*, II, 6). Après avoir coupé
les rameaux florifères de celui-ci, on secoue le pollen sur
les fleurs femelles, et ainsi s'opère une fécondation tout à
fait semblable à celle que font les poissons mâles lorsqu'ils
répandent leur sperme sur les œufs déposés dans la vase des
rivières et des étangs (*de causis plantar.*, II, 9).

L'analogie des graines et des œufs est donc démontrée
par la fécondation artificielle des fleurs du Dattier. Aussi
Empédocle a-t-il énoncé une vérité d'une grande portée

scientifique lorsqu'il a dit que « les plus grands arbres, aussi bien que les plus petits, naissent d'un œuf ». Là ne se borne pas la ressemblance, car, dans les graines des plantes comme dans les œufs des animaux, existe une matière nutritive qui sert au développement de l'embryon (*de causis plantar.*, I, 7). Quoique la caprification des Figuiers ne soit pas de tout point semblable à la fécondation des Dattiers, puisque, ainsi qu'il a été expliqué plus haut, elle se complique de la naturation des fruits par la piqûre des insectes, cependant, elle s'en rapproche assez, sous le rapport de l'office que remplissent les Psenes en transportant le pollen sur les fleurs femelles, pour qu'on ait pu appliquer aux deux opérations le nom commun de caprification emprunté à l'une d'elles (1).

Ajoutons, enfin, que l'exemple du Dattier n'est pas le seul qui démontre que les fleurs femelles ne peuvent produire des fruits sans le concours des mâles ; il serait facile d'en citer un grand nombre d'autres. De sorte que le mot de mariage des fleurs (μῖξις) n'est point une métaphore poétique, mais l'expression de la pure vérité (*de causis plantar.*, III, 18).

Pline (*Histor. natur.,* lib. XV, 21 et XVII, 44) a reproduit, en partie, les assertions de Théophraste touchant la caprification, mais au lieu d'entendre le mot de κονιορτός dans le sens de poussière pollinique, il a pris ce substantif

(1) Le verbe *caprificare*, tiré du substantif *caprificus* (Figuier sauvage) est la traduction latine du verbe grec ἐρινάζειν ou ὀλυνθάζειν.. Les Figues sauvages étaient appelées ἐρινεός ou ὄλυνθος.

Déjà, cent ans avant Théophraste, l'historien Hérodote avait dit que, dans la campagne de Babylone on suspend, au-dessus des Dattiers femelles, les fleurs des Dattiers mâles, afin que l'insecte aille de celles-ci dans les Dattes pour en hâter la maturation, ainsi que cela se passe dans l'opération de la caprification des Figuiers. Comme on le voit, Hérodote n'avait pas compris la fécondation des fleurs femelles par le pollen des fleurs mâles (livre I, chap. 193).

dans son sens vulgaire, et il a dit : « Une poussière abondante produit le même effet que les insectes, comme on le voit sur les Figuiers placés le long d'une route fréquentée ; la poussière a la propriété de dessécher la figue et d'en absorber le suc laiteux. »

Pline ne s'est pas aperçu que, dans ce passage, il a contredit ce qu'il avait avancé quelques lignes plus haut : « les insectes, en ouvrant le fruit, facilitent l'accès dans son intérieur des rayons du soleil et du souffle fécondant de l'air. » De sorte que la maturation de la figue se produirait par les procédés les plus opposés, soit qu'on l'ouvre, soit qu'on la bouche. En ce qui concerne l'action fécondante de l'air, on se rappelle que Pline regarde comme prouvée la fécondation des juments par le souffle du Favonius.

Pline avait été plus heureux (livre XIII, chapitre 7) lorsqu'il disait : « Les naturalistes qui ont le mieux observé affirment que les arbres, ainsi que tous les végétaux produits par la terre, les herbes elles-mêmes ont les deux sexes, et l'on peut ajouter que le fait de la sexualité n'est manifeste dans aucun arbre plus que dans le Palmier..... Les Palmiers femelles privés de mâles ne produisent pas de fruits. Bien plus, on voit les femelles placées autour d'un seul mâle incliner de son côté leur feuillage caressant. Quant à lui, dressant sa chevelure, il les féconde (*maritat*) par son souffle, par sa vue, par *sa poussière même*. L'arbre, une fois coupé, les femelles, veuves, deviennent stériles. Leurs *amours* sont si bien connues que l'homme a facilité les *mariages (coitus)* en secouant les fleurs, la laine, ou même seulement la *poussière* des mâles sur les femelles. »

Cette fois, et à part le souffle et la vue du mâle, il faut reconnaître que le compilateur romain a mieux compris la pensée des naturalistes grecs dont il copiait les ouvrages.

Variations des espèces animales et végétales.

Parmi les partisans de la génération spontanée, il ne s'en trouverait aucun assez hardi pour soutenir, avec les anciens physiciens, que l'Homme, le Chien, le Cheval, le Bœuf, l'Aigle et un animal vertébré quelconque ait pu être produit d'emblée par la combinaison des éléments organiques et minéraux. Tous s'accordent à supposer avec Lamarck que les animaux supérieurs sont issus d'ancêtres peu nombreux, par voie de transformation successive. Ceux même qui ont le courage de leur opinion sont conduits par une logique irrésistible à faire dériver ces types intermédiaires de la cellule initiale, premier anneau de la chaîne des êtres vivants. Bien plus, si l'on admet, avec Laplace, que la terre résulte de la concentration et du refroidissement d'une portion de l'immense nébuleuse de vapeurs incandescentes qui occupait à l'origine l'emplacement de notre système planétaire, la matière organique agglomérée à l'état de cellule végétale ou animale a dû être formée elle-même par la combinaison des éléments minéraux, lorsque la température a été abaissée à un degré favorable à cette sorte de synthèse. Durant la période actuelle, les conditions extérieures sont trop peu changeantes pour que des modifications profondes s'opèrent chez les espèces existantes ; aussi les variations observées à notre époque ont-elles peu d'étendue. C'est ainsi que du Chien naissent plusieurs races de Chiens et d'un Rosier une multitude d'autres formes de Rosiers ; mais jamais on ne voit le Loup devenir Chien, ni le Melon se changer en Citrouille, quoique lesdites espèces soient bien voisines les unes des autres.

Mais si par la pensée on remonte jusqu'à la formation du globe terrestre, on conçoit que d'une période géologique à

la suivante sont survenues des vicissitudes considérables
dans la structure de la terre, la composition de l'air, la température, l'humidité et diverses autres conditions telluriques
et atmosphériques qui ont eu pour effet de produire des
déviations dans les organes des êtres vivants. La force de
l'hérédité venant s'ajouter à celle du milieu extérieur, de
nouvelles espèces, de mieux en mieux adaptées par l'habitude aux conditions nouvelles ont été créées, et c'est ainsi que
par des transformations successives, la matière organique a
progressé depuis la cellule jusqu'aux animaux vertébrés.

A l'hypothèse hardie de Lamarck touchant la formation et
l'évolution des espèces, Darwin est venu ajouter une explication ingénieuse de l'un des modes de fixation des espèces
nouvellement formées. On sait que les éleveurs parviennent
à conserver au moyen de la sélection les variétés d'animaux
domestiques que des circonstances en apparence fortuites
ont fait naître. De la même manière, à l'état sauvage, les
variétés les mieux douées par la conformation ont dû nécessairement triompher de leurs faibles rivales dans la concur-
rence impitoyable des espèces animales et végétales pour la
conquête de l'espace et de la nourriture disponibles. Le
Darwinisme est donc, à proprement parler, l'explication de
la fixation des variétés par la sélection naturelle et forme un
épisode du *Lamarckisme*, ou doctrine de l'évolution.

Hélas ! si séduisante que soit la théorie de l'origine des
espèces, d'après Lamarck et son continuateur Darwin, ce
n'est qu'une hypothèse, et hypothèse elle restera, puisqu'il
n'a été donné à aucun mortel d'assister aux transformations
des êtres vivants dans les anciennes époques.

Comment se fait-il que les anciens Grecs et Romains dont
l'imagination était si féconde, et qui se plaisaient à entendre
raconter par leurs poètes les merveilleuses métamorphoses
de certains personnages en quadrupèdes, en oiseaux, en pois-

sons, en arbres, en fleurs, et même en eau et en pierre, n'aient pas eu la moindre idée d'une telle doctrine ! C'est en vain qu'on s'efforcerait, en torturant certains textes des philosophes grecs, d'en faire sortir la théorie lamarckienne de l'évolution. Le perpétuel devenir d'Héraclite d'Éphèse s'applique au cycle chimique de la matière toujours en voie de transformation et passant d'un corps à l'autre sans que jamais aucune molécule ni aucune force se perde.

Dans leurs poèmes, Lucrèce et Ovide font naître, dans l'état où ils se présentent actuellement, les végétaux herbacés, puis les arbrisseaux et les arbres, ensuite les animaux ovipares et vivipares, et enfin l'homme. Cependant les naturalistes grecs savaient très-bien que le sol et le climat exercent une influence manifeste sur les espèces animales et végétales.

Ils tenaient pour certain que les plantes vivent sous la dépendance immédiate du terrain dans lequel leurs racines puisent une grande partie des aliments nécessaires à leur croissance. Bien que doués de la faculté de locomotion, les animaux n'échappent pas à son influence, laquelle s'exerce par l'intermédiaire d'abord de l'eau, ensuite des aliments dont la qualité nutritive varie avec la fertilité des terrains. Outre le sol, dit Aristote, un autre facteur important contribue à produire des différences entre les individus d'une même espèce, c'est le climat, c'est-à-dire l'ensemble des conditions physiques auxquelles est soumise l'atmosphère. A l'appui de ces considérations, Aristote cite des exemples de la diversité de quelques animaux suivant les pays, et de la différence des Faunes locales. (*Hist. anim.*, VIII, 28.)

La force de l'hérédité, qui semble être un obstacle insurmontable à la formation des variétés animales et dont le rôle téléologique est évidemment de perpétuer les caractères généraux de l'espèce, devient quelquefois, par une sorte d'antinomie, un auxiliaire pour la transmission aux descendants de certains attributs accidentellement produits chez les ascendants. C'est ainsi, dit Aristote, que des infirmités et des cas tératologiques sont devenus héréditaires dans quelques familles. On a même vu des déviations organiques ne point se montrer chez les enfants et les petits-enfants, mais seulement à la troisième génération. Quoique le plus souvent les enfants ressemblent à leurs parents ou à leurs grands-parents, néanmoins, dans quelques cas, ils n'ont ressemblance ni avec les premiers, ni avec les seconds, mais bien avec des ancêtres éloignés. (*Hist. anim.*, VII, 7.)

Comme on le voit, Aristote connaissait parfaitement l'influence du milieu extérieur sur la production des variétés, et il a judicieusement apprécié le fait physiologique que nous appelons aujourd'hui *atavisme*. Toutefois, d'après lui, les modifications éprouvées par les espèces animales sont restreintes entre des limites étroites par la force de l'hérédité. C'est aussi ce qu'on observe chez les plantes. Par les citations suivantes, on verra que Théophraste a combattu les assertions téméraires de quelques naturalistes de son temps qui avaient une tendance à admettre la transformation des espèces, et s'est appliqué à déterminer l'étendue et les causes de ces variations. Au surplus, la hardiesse des transformistes de ce temps n'allait pas au-delà du changement de quelques espèces en leurs congénères ou en espèces de genres voisins.

Certains physiciens, dit Théophraste, ont prétendu que les espèces peuvent se changer les unes en les autres, et que, par exemple, le Froment naît quelquefois des semences de l'Orge et l'Orge de celles du Froment. Ils ajoutent que ces deux céréales peuvent sortir indifféremment de la même sorte de grain. Je n'hésite pas à dire que de pareilles assertions sont de pures fables. (*Histor. plantar.*, lib. II, cap. 2.)

On a soutenu aussi que le Froment dégénère parfois en Ivraie, et le Sisymbrion en Menthe sauvage, à moins qu'on n'y mette obstacle par des soins de culture. Au contraire, suivant quelques agriculteurs, si l'on sème des grains de Typha ou de Zéa préalablement mondés, c'est-à-dire dépouillés de leurs enveloppes, on peut, après trois années de culture bien dirigée, obtenir du Froment (1).

Il est vrai que le Froment, l'Orge sauvage et autres céréales, ainsi que les légumes et les arbres fruitiers, sont notablement améliorés par l'art, et que ces mêmes végétaux dégénèrent quand on les abandonne. Certes, de telles variations sont moins étonnantes que la métamorphose de la Chenille en Chrysalide, puis en Papillon. (*Histor. plantar.*, lib. II, cap. 4.) D'ailleurs, nous savons pertinemment que les plantes sauvages et cultivées n'ont pas la même saveur et la même odeur dans tous les terrains, à toutes les expositions et dans tous les climats. Les amandes dures et amères peuvent devenir tendres et douces, et *vice versa*. Un noyau d'excellente Olive peut produire, en certains lieux, des fruits sauvages de mauvais goût ; de même que des grains provenant d'une Grenade sucrée ont donné naissance, en d'autres localités, à des arbres portant des fruits acerbes. Il est bien connu que la qualité des raisins dépend, en grande partie, du terroir. On sait aussi que, sous l'influence des conditions climatériques et telluriques, les feuilles d'une plante peuvent être modifiées dans leur forme ; il n'est pas rare d'en voir qui, d'abord aiguës, deviennent obtuses (*Histor. plant.*, lib. II, cap. 2), ou sont larges après avoir été étroites à l'origine. (*De causis plantar.*, II, 16.) — Enfin, dans le même lieu, les vicissitudes atmosphériques ont

---

(1) Les mêmes faits sont répétés par Pline et par Galien. Ce dernier assure que son père, agriculteur distingué, était arrivé à démontrer expérimentalement la transformation du Froment en Ivraie. Pline et Palladius attribuent ces sortes de dégénérescences à l'humidité excessive du sol.

Il importe de savoir que les noms de *Typha* et de *Zea* n'avaient pas le sens que nous leur donnons aujourd'hui, mais s'appliquaient à des races de Blé. Le Sisymbrion était une Menthe cultivée dans les jardins.

une action marquée sur la taille des végétaux aussi bien que sur la qualité de leurs produits, comme on l'observe notamment après les pluies abondantes qui provoquent un afflux considérable de sucs nourriciers.

Dans le but de montrer, au moyen d'un exemple frappant, l'influence exercée par le climat sur la qualité des fruits, Pline dit que le *Celtis* transporté d'Afrique en Italie a éprouvé un changement considérable (XIII, 32). En effet, comment reconnaître dans la petite drupe immangeable du *Celtis australis* le fruit délicieux des Lotophages qui faisait oublier, à quiconque en avait goûté, ses parents, ses amis et sa patrie! (*Odyssée*, IX, 82-104. — *Hérodote hist.*, IV, 177.) En énonçant un tel fait, Pline n'a prouvé que son ignorance en Botanique, car l'arbre des Lotophages est le *Rhamnus Lotus* de la contrée de Tunis et de Tripoli, et n'a aucune espèce de rapport avec le *Celtis australis* que Pline aurait dû connaître, car, ainsi qu'il le dit, cet arbre est assez commun en Italie.

Il paraît que, du temps de Pline, aussi bien chez les Grecs que chez les Romains, la plupart des auteurs qui avaient la prétention d'écrire des traités sur les plantes n'avaient pas observé eux-mêmes, mais se bornaient à répéter de vagues traditions. Dioscoride, contemporain de Pline, se plaint vivement de la légèreté et de l'ignorance des phytologues : « A part Cratevas et Andreas, qui ont fait preuve de connaissances assez étendues en Botanique et auxquels on ne peut reprocher que l'insuffisance des descriptions, les autres botanistes, notamment Bassus Tylaeus, Nicérate et Pétrone, Niger et Diodote manquent complètement de cette précision que les anciens possédaient à un si haut degré, et, à parler franchement, ne méritent aucune confiance. Souvent même ils ont confondu certaines espèces avec d'autres tout à fait différentes, et ont attribué plusieurs productions à des pays où elles n'existent point. Leurs nombreuses erreurs prouvent que, n'ayant aucune expérience personnelle, ils se sont faits l'écho de récits mensongers. Quant à moi, j'ai suivi une tout autre voie : durant mes nombreux voyages, je me suis appliqué à observer attentivement les plantes, et ainsi j'ai constaté combien leurs caractères et leurs propriétés diffèrent suivant qu'elles croissent sur les montagnes froides, arides et exposées à tous les vents, ou dans les plaines tempérées, fertiles, humides et abritées. J'ai eu soin de les examiner à toutes les phases de leur existence, pendant leur jeunesse et dans l'âge adulte, et par là je me suis mis à l'abri d'erreurs auxquelles sont exposés ceux qui ignorent combien la taille, la forme et la couleur des tiges, des feuilles, des fleurs et des fruits sont sujettes à varier suivant l'âge du sujet, le lieu, le sol et le climat. Pour parler des plantes en connaissance de cause, il est indispensable d'avoir fait de nombreuses observations en une multitude de lieux différents et dans les conditions les plus opposées. » (Préface de la *Matière médicale*.)

Nous ne dirions pas mieux aujourd'hui.

Respiration et chaleur animale.

Suivant Aristote, le cœur est le foyer de la chaleur animale, et le sang en est le véhicule. Mais comme l'excès de calorique nuirait à l'organisme, il faut que la température du corps soit maintenue à un degré constant. C'est pourquoi l'air extérieur est incessamment introduit dans les poumons des animaux vivipares et des oiseaux, puis transporté au moyen des artères jusque dans la profondeur des organes afin de rafraîchir le sang (1).

(1) Platon disait que la sage Providence a voulu que le poumon, organe mou et vide de sang, fût percé de trous à l'intérieur, à la manière d'une éponge, afin de recevoir l'air et la boisson destinés à rafraîchir le cœur et à le soulager au milieu des ardeurs qui le brûlent. (*Timée.*)

Les Poissons, ayant moins de chaleur, n'ont pas besoin d'un refroidissement aussi considérable : ils sont pourvus de branchies dans lesquelles circule l'eau destinée à la réfrigération de leur corps.

Les Insectes ont encore moins de chaleur que les Poissons : aussi n'ont-ils ni poumons, ni branchies. Chez eux le refroidissement s'opère par l'action de l'air à travers la membrane mince qui recouvre leur corselet.

La nature ne faisant rien en vain, suivant une locution qu'Aristote se plaît à répéter souvent, il est inutile de supposer, avec Empédocle, Démocrite et Anaxagore, que tous les animaux ont besoin d'air pour respirer, puisque l'exemple des Poissons et des Insectes démontre le contraire. D'ailleurs, si l'air est nécessaire aux Poissons, pourquoi meurent-ils lorsqu'on les extrait de l'eau et qu'on les place en pleine atmosphère, et comment se fait-il que l'homme et les animaux supérieurs périssent dans l'eau, qui pourtant, d'après Diogène, contient de l'air ?

Pline, qui presque toujours adopte les opinions d'Aristote, regimbe cette fois : « Quelques naturalistes soutiennent qu'aucun animal ne peut respirer sans poumons et que, par conséquent, les Poissons, qui ont des branchies, de même que certains animaux dépourvus de poumons et de branchies, ne sont pas constitués pour inspirer et exhaler l'air. Tel est l'avis d'Aristote (*Traité de la respiration* et *Histoire des animaux*, VIII, 2), dont les savantes recherches ont entraîné une adhésion presque unanime. Je ne puis me résoudre à adopter sans restriction le sentiment de cet illustre physicien ; car il est possible que certains animaux aient, à la place des poumons, d'autres organes respiratoires, de même que beaucoup d'autres ont un liquide différent du sang. Pourquoi s'étonner que l'air vital puisse se dissoudre dans l'eau, puisque nous voyons l'air se dégager manifestement de ce liquide en maintes circonstances ? (*Hist. natur.*, IX, 6).

Pline aurait pu ajouter qu'une expérience très-simple démontre la possibilité d'extraire, au moyen de la chaleur, l'air tenu en dissolution dans l'eau. Mais il ne pouvait savoir combien était fondé le soupçon émis par lui au sujet de l'existence chez quelques animaux d'organes respiratoires autres que les poumons et les branchies. En effet, les tubes aériens, ou trachées des insectes, n'ont pas été connus avant les recherches de Malpighi, continuées par Swammerdam et Réaumur.

Depuis Aristote jusqu'à la fin du XVIIᵉ siècle, les théories de la respiration ont toutes été fondées sur des considérations physiques, comme il est facile de le constater en lisant les écrits de Swammerdam (*Tractatus de respiratione usuque pulmonum*, 1667) et même les *Observations sur le changement qu'éprouve le sang dans les poumons*, publiées en 1718 (p. 222) par Helvétius dans les Mémoires de l'Académie des sciences. De ses expériences, Helvétius tirait cette conclusion, qui nous paraît aujourd'hui fort bizarre et peu compréhensible, que le principal usage de l'air introduit dans les poumons est de diminuer la raréfaction du sang, de le condenser et de lui donner plus de fluidité.

Cependant les remarquables observations de Robert Boyle et de Mayow auraient dû faire abandonner les théories physiques en prouvant l'analogie évidente qui existe entre la combustion et la respiration animale. Le premier (1) avait

(1) Robert Boyle est une des gloires les plus belles et les plus pures du pays qui a vu naître Harvey, Shakespeare, Newton, Priestley, Jenner, et tant d'autres hommes illustres. Il a été l'un des fondateurs de la Chimie moderne et, sans recourir aux déclamations emphatiques sur les idoles de la tribu, de la caverne, du forum et du théâtre qui ont valu au chancelier Bacon une si grande renommée parmi les philosophes, il a prouvé par des faits l'excellence de la méthode expérimentale.

constaté que les corps en combustion s'éteignent dans le vide obtenu au moyen de la machine pneumatique, et en outre que les animaux y périssent promptement. Les poissons eux-mêmes meurent dans une eau privée d'air. Il avait observé que les animaux ne peuvent vivre longtemps dans un air confiné, et que si dans ce même air on introduit d'autres animaux, ils meurent asphyxiés, ce qui prouve que les premiers ont enlevé à l'air sa partie vivifiante, ainsi qu'il arrive encore lorsque des métaux sont soumis à une calcination ou qu'ils se recouvrent de rouille et de vert-de-gris (1).

De ses nombreuses expériences Mayow avait conclu de son côté que l'air contient un esprit nitreux (oxygène) indispensable à l'entretien de la flamme et un autre gaz inerte (azote). Cet esprit nitreux, en s'unissant aux particules sulfureuses du sang engendre la chaleur animale et convertit le sang veineux en sang artériel (*Tractatus quinque physico-medici*, Oxford, 1674).

La voie était dès lors ouverte, et bientôt un autre physicien anglais, Priestley, faisait connaître l'effet asphyxiant de l'air fixe (acide carbonique) et, par un phénomène inverse,

Aussi modeste que vertueux, il refusa toutes les dignités qui lui furent offertes et consacra sa vie entière et sa fortune à créer des laboratoires, des bibliothèques et des institutions philanthropiques. On lui doit en outre la fondation de la première des sociétés savantes, le Collége philosophique, origine de la Société royale de Londres. A ce titre, la mémoire de Robert Boyle restera toujours chère aux hommes qui comprennent l'importance passée, présente et future des Associations scientifiques.

(1) La formation de la rouille a beaucoup occupé les naturalistes de toutes les époques. Platon lui-même, qui considérait la physique comme un agréable passe-temps bien fait pour délasser l'esprit des graves méditations de la Philosophie, a aussi donné une explication de la rouille dans son roman scientifique intitulé le *Timée*. Mais, cette fois, comme en beaucoup d'autres circonstances, son imagination l'a conduit aux antipodes de la vérité, car, au lieu d'admettre que la rouille est produite par l'absorption d'un des éléments de l'air ou de l'eau, il soutenait, avec l'assurance particulière à l'inventeur de la doctrine des idées innées, que la rouille est due à l'exhalation d'un principe d'abord contenu dans le fer.

son absorption par les parties vertes des plantes sous l'influence de la lumière; il montrait que l'air déphlogistiqué (oxygène) est l'agent essentiel de la combustion et de la respiration et qu'il se trouve mélangé dans l'atmosphère à un autre gaz (azote) impropre à l'une et à l'autre de ces opérations.

Enfin notre illustre Lavoisier donna la démonstration précise de la composition de l'air et de l'eau, puis il formula la théorie de la combustion et de la respiration, théorie qui, sauf ce qui concerne la localisation des phénomènes chimiques dans le poumon, est encore admise aujourd'hui.

Chose singulière ! les anciens physiciens grecs, sans avoir la moindre notion touchant l'existence et, à plus forte raison, les propriétés de l'oxygène, de l'azote et de l'acide carbonique, ont eu l'inconcevable intuition de l'analogie qui existe entre la fonction respiratoire des animaux et la combustion; et c'est Aristote lui-même qui nous l'apprend dans son *Traité de la Respiration*, où les erreurs les plus grossières sont mêlées à des aperçus ingénieux. Au commencement du chapitre VI de cet ouvrage, nous lisons ce qui suit : « On ne peut pas admettre que *l'air inspiré ait pour utilité d'alimenter le feu intérieur du corps par une opération semblable à la combustion qui a lieu dans nos foyers ;* car il faudrait que ce phénomène ou quelque autre du même genre se produisît chez tous les animaux, puisque tous possèdent une chaleur vitale. D'autre part, il est impossible d'expliquer comment la chaleur pourrait naître par le fait du contact de l'air aspiré. Cette opinion est donc une hypothèse dépourvue de fondement, et il nous paraît plus vraisemblable que la chaleur vient de la nourriture. »

C'est ainsi qu'Aristote qui, comme nos positivistes modernes, avait pour principe de n'admettre que ce qui est démontré, a été conduit à combattre l'une des vérités fondamentales de la chimie physiologique, faute de pouvoir l'expliquer. C'est par suite du même rigorisme logique dont on ne saurait le blâmer trop vertement qu'il a repoussé aussi, comme nous l'avons dit précédemment, les téméraires hypothèses des Pythagoriciens au sujet des mouvements de la terre sur son axe et autour du soleil.

Dè ce qui précède tirons un enseignement. Sans doute, il faut montrer une sévérité impitoyable quand il s'agit de l'observation des faits ; mais à l'égard des théories, il convient d'user d'une large tolérance et de laisser toute liberté aux inventeurs d'hypothèses, à condition qu'ils les présentent comme de simples conjectures et que celles-ci ne soient point trop invraisemblables. En effet, l'histoire des sciences nous montre que telle explication regardée à certaines époques comme parfaitement admissible a été plus tard reléguée au nombre des rêveries. Ainsi en sera-t-il peut-être des théories les plus accréditées actuellement. D'autre part, certaines conceptions hasardées sont devenues, à la suite d'investigations ultérieures, de véritables dogmes scientifiques. Il est donc prudent de ne point bannir l'hypothèse du domaine de la science ; car premièrement, elle correspond à un besoin de l'esprit humain, et en second lieu, elle sollicite de nouvelles recherches toujours profitables au progrès des connaissances humaines.

Classification des animaux et des plantes.

La tendance à classer les êtres d'après leurs ressemblances et leurs différences est si profondément inhérente à l'esprit humain, que de tout temps le vulgaire a donné aux principaux groupes d'animaux et de plantes des noms génériques, tels que : hommes, quadrupèdes, oiseaux, poissons, serpents, — arbres, arbrisseaux, herbes, etc. A plus forte raison, les naturalistes qui ont pris à tâche de faire connaître les êtres vivants furent-ils conduits à les diviser en catégories, soit afin d'établir entre eux une hiérarchie aussi naturelle que possible, soit dans le but de faciliter leur étude. La nécessité des classifications est de plus en plus impérieuse à mesure que s'étend le domaine de nos connaissances ; comment, par exemple, privé de leur secours, pourrait-on actuellement avoir une idée même générale et superficielle des centaines de milliers d'espèces animales et végétales décrites jusqu'à ce jour ?

Quoique les anciens naturalistes grecs ne connussent que six cents animaux et mille plantes environ, néanmoins ils avaient compris l'utilité des classifications. C'est ainsi que, dès le début de son grand ouvrage zoologique, Aristote a établi parmi les animaux des divisions fondées, soit sur leur genre de vie, soit d'une manière plus rationnelle, sur leurs caractères organiques, comme nous l'expliquerons ultérieurement.

Au préalable, il est nécessaire de rappeler les principes philosophiques exposés par lui dans plusieurs de ses écrits, et notamment dans les *Catégories*, les *Analytiques* et par Porphyre dans l'*Isagoge*, où sont résumées les doctrines péripatéticiennes sur le genre et l'espèce.

Il importe, dit-il, de ne pas s'illusionner sur la valeur intrinsèque des mots espèce (εἶδος), genre (γένος) et classe (κατηγορία) ; les idées qu'ils expriment sont de pures abstractions de notre esprit toujours invinciblement porté à établir des comparaisons entre les êtres et à remonter par induction du particulier au général. Mais gardons-nous d'attribuer une réalité (objective) à nos conceptions, car, à proprement parler, l'individu (ἄτομος) a seul une existence, une substantialité et une unité véritables.

Le premier groupe, appelé espèce, se compose de la réunion des individus offrant entre eux les plus grandes ressemblances et nés de parents semblables à eux. Ensuite vient le genre, créé par notre esprit en réunissant les espèces les plus rappro-

chées les unes des autres. Enfin, malgré la diversité des genres
on peut, par le groupement de ceux qui présentent quelques
caractères communs, constituer une classe, c'est-à-dire une catégorie d'un rang plus élevé.

Aristote n'a pas poussé plus loin les subdivisions, mais il est
clair que les familles, ordres et embranchements des naturalistes modernes dérivent immédiatement du principe formulé
par le chef du Lycée, et en sont le développement logique.

Toutefois il est regrettable qu'Aristote ait hésité à créer des
mots nouveaux pour exprimer les idées de famille, d'ordre et
d'embranchement que son esprit éminemment généralisateur
a dû concevoir, et qu'il ait si souvent employé l'expression
vague de διαφοραί (différences), ou appliqué celle de γένος pour
désigner tantôt le genre, tantôt les subdivisions plus élevées,
comme on le verra par la lecture des passages suivants :

« Parmi les animaux aquatiques, le genre des poissons contient un grand nombre d'espèces (*Hist. anim.* II, 13).

« Outre l'Homme et les Quadrupèdes, les principaux genres
d'animaux à sang rouge sont : le genre des Oiseaux, des Poissons, des Cétacés. — Parmi les animaux qui n'ont pas de sang
rouge, les principaux genres sont : les Ostracés, les Crustacés,
les Mollusques et les Insectes » (I, 6, et IV, 1).

Il est même arrivé que, soit par distraction de l'auteur, soit
par erreur des copistes, le mot γένος est employé par Théophraste dans le sens d'espèce et même de race, comme on
le voit dans la phrase suivante : « Il existe un genre de Blé
et d'Orge qu'on appelle trimestriel, parce qu'il accomplit toute
son évolution en trois mois. »

Dans l'*Histoire naturelle* de Pline, le mot *genus* n'a pas de
signification précise et invariable, mais s'applique indifféremment à toutes les subdivisions, depuis la variété et l'espèce
jusqu'à la classe. Il est même digne de remarque que le substantif *species* est rarement employé par l'auteur : *et hactenus
sint species ac genera pomorum* (XV, 34).

Dans la *Matière médicale* de Dioscoride les mots γένος et εἶδος sont les seuls en usage pour la distinction des groupes de plantes.

On voit par là que les anciens naturalistes n'attachaient pas à la classification des êtres vivants l'importance que nous lui accordons à bon droit à notre époque. Du reste, comme l'a fort bien remarqué Meyer, ils ne l'ont jamais présentée sous la forme dichotomique, ainsi qu'on a coutume de le faire actuellement (*Aristoteles Thierkunde;* Berlin, 1855).

Cependant il nous semble qu'il est permis de traduire de cette manière leur conception systématique de l'organisation animale et végétale afin de la rendre plus rapidement intelligible. C'est pourquoi nous présentons la classification zoologique d'Aristote dans le tableau suivant.

Animaux à sang rouge (ἔναιμα)	quadrupèdes (τετράποδα)	vivipares (ζωοτόκα).	mammifères.
		ovipares (ὠοτόκα(. .	reptiles.
	bipèdes à deux ailes (ὄρνιθες).		oiseaux.
	apodes aquatiques pourvus de nageoires	κῆτοι	cétacés.
		ἰχθύες	poissons.
	apodes terrestres rampants	ὄφεις.	serpents.
Animaux n'ayant pas de sang rouge (ἄναιμα)	mous à l'extérieur (μαλακια)		mollusques.
	mous à l'intérieur et durs à l'extérieur	μαλακόστρακα.	crustacés.
		ὀστρακόδερμα.	testacés.
		ἔντομα.	insectes.

Au sujet de la première division des animaux en *Enaemes* et *Anaemes*, nous croyons utile de donner quelques explications, parce que la plupart des commentateurs ont cru que ces mots, souvent répétés dans l'*Histoire des animaux*, signifient rigoureusement : animaux sanguins et animaux exsangues. Or, suivant nous, il faut traduire : animaux à sang rouge, et animaux n'ayant pas de sang rouge ; voici, d'ailleurs, la justification de la version adoptée par nous.

Dans le langage d'Aristote et de tous les anciens naturalistes, le mot sang s'applique exclusivement au liquide *rouge* contenu dans les veines et dans le cœur de l'Homme, des Quadrupèdes vivipares et ovipares, des Oiseaux, des Cétacés et des Poissons : ils sont tous *Enaemes*. Les animaux dont les veines ne contiennent pas ce liquide *rouge* sont nécessairement *Anaemes ;* mais ils ont néanmoins dans leurs vaisseaux un liquide *non coloré* qui remplit la même fonction que le sang. C'est ce qui résulte du passage suivant : « Tous les animaux ont un liquide dont la privation naturelle ou accidentelle est une cause de mort ; ils ont, en outre, des vaisseaux où ce liquide est contenu : chez les uns, les *Enaemes*, ce fluide est le sang, les vaisseaux sont les veines ; chez les autres existent un liquide et des vaisseaux analogues, quoique moins parfaits » (*Hist. anim.* I, 4). Du reste, chez tous le sang est agité de pulsations se manifestant d'une manière synchronique dans les ramifications de l'arbre vasculaire ; il se compose de deux parties, l'une séreuse, l'autre fibrineuse, qui est la cause de la coagulation (III, 9).

Cette interprétation était si bien admise, que Pline dit formellement dans un passage cité plus haut à propos de la respiration animale : « Il est possible qu'à la place des poumons beaucoup d'animaux aient d'autres organes respiratoires, de même qu'un grand nombre d'entre eux ont un liquide différent du sang » (IX, 6).

Il est donc bien établi que, d'après Aristote, les animaux dits *Anaemes*, quoique dépourvus de sang rouge, ont néanmoins dans leurs vaisseaux un liquide incolore jouant le même rôle que le sang rouge.

Par conséquent, pour bien rendre la pensée de l'auteur, il est nécessaire de traduire le mot Anaemes par la périphrase suivante : animaux n'ayant pas de sang rouge.

Il est fort probable que si Aristote avait présenté sa classification sous forme de tableau, il aurait comblé plusieurs lacunes qu'il a laissé subsister et qu'alors il aurait été conduit à créer des noms nouveaux pour désigner certains groupes omis par lui, notamment les Zoophytes, Holothuries, Astéries, Acalèphes et Eponges qu'il a énumérés à la suite des Ostracoderma (1).

Les mêmes remarques sont applicables aux subdivisions en familles et tribus. Les nombreuses omissions constatées dans l'*Histoire des animaux* prouvent que l'auteur n'avait pas le dessein de présenter une classification complète, mais voulait seulement s'en tenir aux généralités de l'Anatomie et de la Physiologie. C'est ainsi que, parlant des Oiseaux, il ne mentionne que trois groupes : les *Campsonycha*, ou oiseaux de proie à ongles crochus ; les *Steganopoda*, oiseaux nageurs ayant les doigts réunis par une membrane ; et enfin les *Macroscèles*, ou Echassiers à longues jambes.

Parmi les Poissons, il cite particulièrement les Sélaques, ou cartilagineux, et les Poissons à arêtes. Parmi les premiers, il distingue ceux qui ont le corps plat, comme la Raie et la Torpille, puis ceux qui ont le corps allongé. Il établit aussi des distinctions d'après le nombre des lames des ouies, et ajoute : « Nous ne citons ces divers Poissons qu'à titre d'exemples à l'appui de nos observations anatomiques » (*Hist. anim.*, II, 13).

L'embranchement des Quadrupèdes ovipares est subdivisé en Crocodiles, Tortues, Sauriens, Serpents et Batraciens, les uns amphibies, les autres reptiles.

A propos des Insectes, il se borne à dire que ce genre (classe) renferme un grand nombre d'espèces (familles), dont plusieurs n'ont pas reçu de nom commun, comme par exemple le groupe (appelé aujourd'hui Hyménoptères) auquel appartiennent l'Abeille, le Frelon, la Guêpe et plusieurs autres semblables.

---

(1) Voici ce qu'il dit à l'occasion de ces animaux inférieurs : « Le passage des êtres inanimés aux animaux se fait peu à peu dans la Nature et par des gradations qui rendent fort difficile la séparation tranchée entre les plantes et les animaux. Il est de fait que dans la mer se trouvent des êtres qu'on hésite à ranger, soit parmi les animaux, soit au nombre des plantes. » (*Hist. anim.*, VIII, 1).

Il en est de même de la classe des Insectes ayant les ailes recouvertes d'une élytre, comme le Scarabée, le Melolonthe, la Cantharide, etc. (*Hist. anim.*, IV, 7 et IX, 40). En disant cela, Aristote a oublié que dans deux autres chapitres de son ouvrage, il donne à ce groupe le nom si expressif de *Coléoptères* (*Hist. anim.*, I, 5 et VIII, 17). Il importe de remarquer qu'Aristote a réuni dans la classe des Insectes, non-seulement ceux qui portent encore ce nom actuellement, mais encore les Arachnides, les Myriapodes et les Vers.

Enfin, comme dernière preuve qu'il n'entrait pas dans le plan d'Aristote de créer une classification complète, mais bien de comparer les animaux afin d'en déduire les lois générales de l'organisation, nous citerons plusieurs autres catégories établies par lui.

Suivant l'habitat, il divise les animaux en terrestres, amphibies et aquatiques; ces derniers sont subdivisés en marins, fluviatiles et paludicoles.

D'après la considération des organes respiratoires, il établit la division en animaux pulmonés, animaux à branchies, animaux sans poumons ni branchies.

En considérant le nombre des doigts, les Quadrupèdes sont, les uns polydactyles, comme l'Homme, le Lion, le Chien; d'autres didactyles, tels sont le Mouton, la Chèvre, le Cerf et l'Hippopotame; ou monodactyles (Solipèdes), exemples : le Cheval et l'Ane (1).

---

(1) Le mot *Hippopotame* est vicieusement construit, car il est de règle que, dans les mots composés de radicaux grecs, le substantif principal se place le dernier et l'attribut le premier, en donnant à celui-ci la forme oblique du génitif, comme on le voit dans les noms des plantes *Cynoglosson* (langue de chien), *Dracontocephalon* (tête de Dragon), *Gerontopogon* (barbe de vieillard), *Hippuris* (queue de cheval), *Hippocastanon* (Châtaigne de cheval), *Hipposelinon* (Persil de cheval).

Par conséquent, le nom *Hippopotamos* (fleuve de cheval) doit être changé en *Potamippos* (cheval de fleuve). Du reste, les anciens auteurs grecs, Hérodote (*Histor.* II, 71), Aristote (*Hist. anim.* II, 1 et 7), Stra-

Telle quelle, et malgré ses lacunes, la classification zoologique d'Aristote est la première et la seule tentative de systématisation du Règne animal qui ait été faite durant l'Antiquité. Elle a, d'ailleurs, régné jusqu'à la fin du XVIIᵉ siècle (1).

Les écrits botaniques de Théophraste, étant conçus d'après le même plan que ceux de son illustre Maître, présentent les mêmes lacunes en ce qui concerne la classification du Règne végétal. L'auteur de l'*Histoire des plantes* s'est appliqué à composer un traité d'Organographie et de Physiologie végétale et s'est occupé seulement d'une manière incidente des questions de taxinomie.

Cependant il ressort de l'ordonnance même des neuf livres de son ouvrage que Théophraste divisait les végétaux sauvages et cultivés en : Arbres, Arbrisseaux et Herbes, trilogie que l'on retrouve encore dans la classification de Pitton de Tournefort, le prédécesseur de Linné. Ces trois mots résument le système de Théophraste, de même que toute la Physiologie végétale, aussi bien que la Physiologie animale, d'après Aristote, se réduisent à l'étude de deux fonctions principales :

bon (*Geogr.* XV, 1 — XVI, 4), Plutarque (*Isis* et *Osyris* XXXII et L), Pausanias (*Voyage Grèce* IV, 34 — V, 12 — VIII, 46), Philostrate (*Vita Apoll.* II, 19 — VI, 1 — *Imag.* I, 5), et Ælien (*Nat. anim.* XI, 37), ont toujours écrit en trois mots distincts ἵππος ὁ ποτάμιος. L'orthographe vicieuse ἱπποποτάμος est probablement le fait des copistes qui nous ont transmis l'*Histoire naturelle* de Pline (V, 1 — VI, 34 — VIII, 39), la *Matière médicale* de Dioscoride (II, 25) et la *Thériaque* de Galien (9).

Sous le rapport euphonique, *Potamippos* est de beaucoup préférable à *Hippopotamos*, où se trouve la répétition désagréable de la syllabe *po*.

(1) Dans son *Traité de la Nature des animaux*, Ælien répète la classification d'Aristote et y fait une addition malheureuse au sujet de la forme des dents. Suivant lui les animaux sont : les uns *Carchorodonta*, à dents aiguës (Carnassiers, Loup, Chien, Lion, Panthère ; — les autres *Amphôdonta*, à dentition bilatérale (Homme, Cheval, Ane) ; — enfin les troisièmes *Chauliodonta*, à dents saillantes en dehors (Sanglier, Éléphant, Taupe).

Ælien est mieux inspiré à propos de la classe des *Dermoptera* qui, comme la Nyctéris (Chauve-Souris), ont des ailes membraneuses (XI, 37).

1° celles qui se rapportent à la nutrition; 2° celles qui ont pour but la reproduction. Enfin quatre facteurs méritent surtout de fixer l'attention des naturalistes et des agriculteurs : ce sont l'air, l'eau, le sol et la nature propre des plantes.

Dans un précédent chapitre nous avons expliqué que, sous le rapport des fonctions génératrices, les anciens divisaient les plantes en deux groupes, le premier comprenant celles qui se reproduisent par le semis des graines, le second celles qui naissent par génération spontanée. On sait, que pendant le siècle dernier, les botanistes, plus réservés au sujet de la possibilité des générations spontanées, mais aussi ignorants en ce qui regarde le mode de reproduction d'un certain nombre de plantes, avaient appelé celles-ci : *Cryptogames*.

Théophraste a ébauché une classification des fruits, et distingue :

D'après la forme : les *Lobôdê* (silique ou gousse), *Angeiôdê* (capsules), *Gymnôdê* (nus), *Hymenôdê* (membraneux), *Pyrenôdê* (à noyau), *Xylôdê* (consistance ligneuse), *Sarcôdê* (charnus), *Cenchramidôdê* (forme de figue), *Botryôdê* (en grappe), *Stachyôdê* (en épi).

D'après la saveur : aromatiques, sucrés, âcres, amers, acides, résineux, huileux, aqueux.

Il a aussi consacré un chapitre aux différences que présentent les feuilles suivant les genres et les espèces. On est surpris de ne pas en trouver un traitant spécialement des fleurs et des caractères que celles-ci peuvent fournir pour la distinction des espèces et des genres.

En lisant certains passages de l'*Histoire des plantes*, on acquiert la conviction que Théophraste avait un sentiment profond et souvent très-exact des familles végétales. Mais comme il n'a jamais présenté ses aperçus à ce sujet, on est obligé de chercher çà et là des fragments épars de classification et de les réunir, ainsi que nous l'avons fait dans la liste suivante :

Mèconica.	Papavéracées.
Ellobospermata	Crucifères.
Ellobocarpa adiaphragmata.	Légumineuses (1).
Sicyôdè.	Cucurbitacées.
Pappospermata	Composées à aigrettes.
Scandicôde et Selinôdê . . .	tribus des Ombellifères.
Cnêcôdê	Carduacées.
Cichoriôdê.	Cichoriacées (2).
Strychnôdè.	Solanées.
Thymôdè et Thymbrôdé . .	tribus des Labiées.
Cônophora.	Conifères.
Bolbôde	Liliacées et Amaryllidées.
Satyrôdè	Orchidées.
Calamôdè	Joncées.
Sitôdê	Triticées.
Cenchrôdè.	Miliacées.
Myophaa.	tribu des Graminées (Alopecuros).
Stachyôdè	tribu des Graminées (Laguros , Polypogon, Imperata.

La germination des graines se fait suivant deux modes très-différents : dans les graines des Graminéeş et de quelques autres, on voit d'abord naître du bout inférieur une radicule, puis de l'extrémité supérieure une tigelle portant une feuille. Du reste, tigelle et radicule restent accolées dans une gaîne commune.

Dans les graines des Arbres et des Légumineuses en germination, se montre en premier lieu la radicule, puis la tigelle portant deux ou plusieurs feuilles. La tigelle se dirige en haut, la radicule en bas. Il importe d'ailleurs de noter que les semences des Graminées, et autres plantes semblables sous le rapport de l'évolution germinative, se composent d'une seule partie indivise, tandis que les semences des végétaux de l'autre groupe sont bipartites (*Hist. plantar.*, VIII, 2). Ajoutons que

(1) Par l'adjectif *adiaphragmata* (non cloisonnés), Théophraste distingue les gousses des Papilionacées des siliques cloisonnées des Crucifères.

(2) C'est par erreur que les Français écrivent *Chicoracées*. L'orthographe véritable est *Cichoriacées*, puisque les Grecs écrivaient κιχόριον, mot que les Romains ont traduit par celui de *Cichorium*.

les plantes à semence *monomère* ont des feuilles étroites et jun-
ciformes, tandis que les plantes à semence *dimère* ont généralement des feuilles plus larges à nervures divergentes (*Hist.
plant.*, VII, 3).

Si Théophraste s'était donné la peine de dresser une classification méthodique, il aurait épargné beaucoup de besogne
aux botanistes modernes, et probablement il aurait mis en tête
d'un tableau dichotomique les titres suivants :

Plantes à semences *monomères* (une seule partie);
Plantes à semences *dimères* (deux parties).

En y ajoutant l'embranchement des *Sporophores* que Théophraste croyait être produites par génération spontanée (auto-
matos, autophytos, autophyês), on aurait l'équivalent, en
meilleurs termes, des :

Plantes à une seule écuelle ou monocotylées ;
Plantes à deux écuelles ou dicotylées ;
Plantes sans écuelles ou acotylées.

Il y a cent à parier contre un que notre proposition sera
aussi mal accueillie par les naturalistes que l'ont été nos autres
postulata touchant la réforme des expressions incorrectes, ridicules et hétérogènes de la *Nomenclature botanique*, et que
les *écuelles* ou *cotyles* en usage depuis plus d'un siècle chez nos
devanciers continueront à faire les délices de nos successeurs.

Il est inutile de chercher dans l'*Histoire naturelle* de Pline
les moindres linéaments d'une classification. Comme nous
l'avons démontré ailleurs, cet écrivain était complètement igno-
rant en botanique (*Réforme Nomencl. botan.*, p. 49).

Dans son traité de *Matière médicale*, Dioscoride n'a pas
rangé les plantes d'après leurs caractères organiques, mais
bien suivant leurs vertus médicamenteuses et alimentaires.
Dans le premier livre de cet ouvrage, il énumère les arbres et
arbrisseaux à racines et bois aromatiques et résineux ; dans le

second les herbes alimentaires et à sucs âcres ; dans le troisième les herbes épineuses et aromatiques ; dans le quatrième toutes celles qui ne rentrent pas dans les précédentes sections ; enfin, dans le cinquième il traite des vins médicinaux et de quelques médicaments composés au moyen de produits minéraux.

Il est fort regrettable que Dioscoride ait cru devoir restreindre son programme à l'utilité pharmaceutique des plantes, ou du moins qu'il n'ait pas ajouté à son traité de *Matière médicale* quelques chapitres de Botanique pure, car, mieux qu'aucun autre de ses contemporains, il aurait été capable de décrire les espèces végétales connues à son époque et de les classer d'après leurs caractères morphologiques. Toutefois il faut reconnaître que, malgré sa préoccupation utilitaire, il a souvent énuméré les plantes médicinales suivant leurs affinités naturelles. C'est ainsi que, sauf quelques interversions, il fait défiler successivement sous les yeux du lecteur les groupes suivants :

CONIFÈRES et CUPRESSINÉES : Pin, Sapin, Cyprès, Genevrier, Sabine, Cèdre.

TÉRÉBINTHINÉES : Lentisque, Térébinthe.

ROSACÉES et AMYGDALÉES : Oxyacantha, Rosier, Pommier, Cognassier, Sorbier, Prunier, Pêcher, Amandier.

GRAMINÉES : Froment et ses diverses races, Orge, Ivraie, Avoine et la tribut des Millets.

PAPILIONACÉES : Fenu-Grec, Fève, Gesse, Lentille, Haricot, Lupin et les diverses sortes de Pois.

CRUCIFÈRES : Rave, Bunias, Chou, Radis.

CICHORIÉES : Laitue, Tragopogon, Chicorée.

CUCURBITACÉES : Concombres, Melons, Elaterion.

SALSOLACÉES et POLYGONÉES : Arroche, Beta, Lapathon, Oxylapathon, Bleton.

LILIACÉES : les diverses espèces d'Ail et de Scille, Asphodèle, Ornithogale.

CARDUACÉES et DIPSACÉES : Centaurée, Chamaeléon blanc et noir, Dipsacos.

PAPAVÉRACÉES : les Pavots, Chelidonion, Hypecoon.

RADIÉES AROMATIQUES : Absinthe, Abrotonon, Armoise, Anthemis.

Autres radiées : Chrysocome, Chrysogonon, Helichryson, Ageraton, Chrysanthemon.

Labiées aromatiques : Hyssope, Stoechas, Origan, Marjolaine, Pouliot, Menthe, Sauge, Calament, Thym, Serpolet, Thymbra, Maron, Basilic.

Ombellifères (Sciadia) aromatiques : Panax d'Hercule, d'Esculape et de Chiron, Ligosticon, Pastinaca, Daucos, Seseli, Tordylion, Sison, Anison, Caron, Anethon, Cyminon, Ammi, Corion, Apion, Selinon, Petroselinon, Hipposelinon, Smyrnion, Marathron, Hippomarathron, Libanotis, Sphondylion, Narthex, Peucedanon, Silphion, Sagapenon. — Non aromatiques : Scandix et Caucalis.

Borraginées : Anchusa, Lycopsis, Echion.

Hypericinées : Ascyron, Androsaemon, Coris.

Solanées : Strychnos, Halicacabon, Strychnos hypnoticos, Strychnos manicos, Mandragoras.

Apocynées : Cynanchon, Nerion.

Euphorbiacées : Tithymalos, Paralias, Helioscopion, T. Cyparissios, T. dendritos, T. platyphyllos, Pityusa, Lathyris, Peplos, Peplis, Chamaesyce.

Fougères : Pteris, Thelypteris, Dryopteris, Polypodion.

Après de tels rapprochements, n'est-on pas autorisé à proclamer que Dioscoride avait le sentiment des familles naturelles, et n'y a-t-il pas lieu d'être surpris qu'il n'ait pas créé des noms pour les désigner? En effet, il n'en nomme qu'une, celle des plantes Ombellifères, qu'il appelle *Sciadia*.

Pourtant il faut avouer que l'ordonnance des plantes énumérées par Dioscoride n'est pas toujours aussi régulière que celle des espèces ci-dessus mentionnées. Si nous avions présenté la liste complète des végétaux dont il est question dans la *Matière médicale* du médecin d'Anazarbe, on aurait vu que plusieurs de ceux qui sont cités les uns à la suite des autres n'ont entre eux que des rapports pharmaceutiques. Ajoutons enfin que, se fût-il appliqué à les classer d'après les caractères de lui connus, Dioscoride ne serait pas arrivé à établir leur répartition en familles exactement déterminées, car pour cela il eût été indispensable qu'il possédât des notions précises sur les diverses parties des fleurs et des fruits, ainsi que sur leurs différences. A ce propos, nous croyons pouvoir affirmer que, depuis Théophraste jusqu'à la fin du XVIIᵉ siècle, l'ignorance prolongée des botanistes sur ce point important d'organographie a été le principal obstacle aux progrès de la Phytographie. En effet cette science n'a pris un essor véritable que lorsque les admirables observations de Pitton de Tournefort, de Charles Linné et de notre compatriote de Jussieu sur les fleurs et les fruits ont donné une base solide à la systématisation du Règne végétal.

Nomenclature des animaux et des plantes.

Dans un précédent ouvrage (*Réforme de la Nomenclature botanique*), nous avons expliqué comment les botanistes grecs furent amenés à remplacer plusieurs noms simples usités dans le langage vulgaire par des dénominations binaires formées, d'abord d'un nom générique, puis d'une épithète spécifique. Cette dernière rappelait le plus souvent un des caractères par lesquels l'espèce qu'on veut désigner se distingue de celles qui appartiennent au même genre, comme, par exemple,

La couleur : *leucos* (blanc), *melas* (noir), *porphyrous* (rose), *phœnicos* (rouge), *cyanos* (bleu), etc. ;

L'odeur : *hedyosmos* ou *euosmos* (odeur agréable), *arômaticos* ;

La taille : *megas* (grand), *micros* (petit), *mesos* (moyen), et leurs comparatifs et superlatifs ;

La forme de la tige : *platycaulos* (tige large), *strongylocaulos* (tige arrondie) ;

La forme et le nombre des feuilles : *platyphyllos* (feuille large), *leptophyllos* (feuille étroite), *microphyllos* (feuille petite), *chiliophyllos* (mille feuilles) ;

La ressemblance des feuilles avec d'autres connues : *selinophyllon* (feuille de Selinon), *prasophyllon* (feuille de Porreau) ;

La ressemblance avec une plante était exprimée au moyen de la désinence *eidés*, *daphnoeides* (semblable au Laurier), *sesamoeides* (pareil au Sesamon);

La forme des fruits : *strongylos* (arrondi), *hypomécés* (oblong);

L'état lisse, rude, épineux ou velu : *leios* (lisse), *trachys* (rude), *acanthicos* ou *acanthôdes* (épineux), *eriophoros* (laineux);

L'habitat et la station : *thalassios* (marin), *potamios* (fluviatile), *telmateios* (marécageux), *petraeos* (saxatile), *oreinos* (montagnard) *leimônios* (des prairies);

Le pays d'origine : *hellênicos* (grec), *creticos*, *idaeos* (du Mont-Ida), *ægyptios*, *lybicos*, *indicos*, *persicos*, *medicos*, *armeniacos*, *celticos*, etc.;

La culture et l'état sauvage : *cêpaeos* (de jardin); *hêmeros* (cultivé), *agrios* (sauvage);

Les propriétés comestibles, médicinales ou industrielles : *edôdimos* (comestible), *emeticos* (vomitif), *manicos* (qui donne le délire), *byrsodepsicos* (propre à tanner), *baphicos* (tinctorial), etc.

En parcourant dans le susdit ouvrage la liste des plantes connues des Grecs, on verra que Théophraste, Dioscoride, Pline et Galien ont souvent fait usage de la nomenclature binaire, de la même manière que les auteurs modernes. A titre d'exemple, il suffira de rappeler l'énumération des *Euphorbion* ou *Tithymalos* : *T. characias*, *T. myrsinites* (semblable au myrte), *T. helioscopios* (regarde le soleil), *T. dendrôdes* (arborescent); *T. platyphyllos* (feuilles larges), *pityusa* (forme de pin), *lathyris, peplos, peplis, chamaesyce* (petit figuier).

La nomenclature binaire a été plus rarement employée par es anciens Grecs et Romains pour la dénomination des espèces animales. Cependant on pourrait en citer quelques exemples empruntés au traité de la *Nature des animaux* d'Ælien et à l'*Histoire naturelle* de Pline. C'est ainsi que ce dernier distingue parmi les Rats : le *Rat du Pont*, la *Gerboise blanche*, le *Rat des Alpes* (marmotte), le *Rat d'Égypte*.

Il énumère six espèces d'Aigles : *Melanaëtos* (Aigle noir), *Pygargue, Morphnos, Percnoptère, Gnesios, Haliaëtos*.

Il compte trois sortes d'Éponges : *Tragos* (bouc), *Manos* (mou), *Achilleios*.

Parmi les Chames de mer il distingue ; les *striées*, les *unies*, les *Pélorides* et les *Glycymérides*.

Au nombre des Scorpions, Ælien range les espèces suivantes : *gastrôdês* (ventru), *capnôdês* (couleur de suie), *carcinoïdês* (forme de Crâbe), *leucos* (blanc), *melas* (noir), *pterôtos* (ailé), *pyrrhos* (roux), *chlôros* (vert), *phlogoidês* (rouge de feu), *sibritês*.

Suivant le même auteur, il existe 16 espèces d'Aspic, entre autres *Aspis hiera* (sacrée), *melaena* (noire), *pyrrha* (rousse), *tephraea* (cendrée), *thermutis*, etc.

Ainsi, la nomenclature zoologique et botanique des anciens était dépourvue d'homogénéité puisque chaque espèce était désignée tantôt par un seul mot, tantôt, et plus rarement, par une expression binominale. Les mêmes errements furent d'ailleurs suivis jusqu'à la fin du XVII° siècle.

Pendant la première moitié du siècle suivant, la Botanique descriptive ayant fait de grands progrès, par suite des travaux de Morison, Breyn, Vaillant, Dillen, Scheuchzer, Haller, Micheli, Barrelier, Garidel et Pitton de Tournefort, les anciens noms furent remplacés par de courtes phrases diagnostiques, lesquelles peu à peu, sous prétexte d'exactitude, s'allongèrent démesurément.

Les inconvénients d'un langage aussi compliqué étaient trop manifestes pour être durables ; aussi le plus autorisé des botanistes de cette époque, Pitton de Tournefort prit l'initiative d'une réforme et, dans ses *Institutiones rei herbariae* (1719), posa en principe que chaque espèce végétale doit être désignée :

1° Par un nom générique emprunté à la langue grecque ou latine ;

2° Par une épithète spécifique aussi brève que possible et rappelant un des caractères par lesquels elle se distingue de ses congénères.

Enfin en 1751, date à jamais mémorable dans l'histoire des sciences biologiques, Linné, réalisant le vœu exprimé par son illustre prédécesseur, formula dans sa *Philosophia botanica* les règles de la nomenclature binominale et, en 1753, les appliqua d'abord aux plantes dans le *Species plantarum*, puis aux animaux dans la 10ᵉ édition du *Systema naturae*.

Comme les modernes ont fait de nombreux emprunts à la nomenclature des anciens naturalistes, et que d'ailleurs la plupart des noms de fabrication récente appartiennent aux langues grecque et latine, il nous a semblé utile de présenter l'énumération de tous les noms d'animaux cités par Aristote, Pline, Athénée, Ælien, et par les poètes qui, comme Ovide, Oppien, Ausone, ont écrit sur la pêche, la chasse et autres sujets se rattachant indirectement à la Zoologie.

Pour ce qui regarde les plantes connues des anciens, nous renvoyons le lecteur à l'ouvrage dans lequel nous en avons donné la liste.

En regard du nom de chaque espèce animale nous avons placé le synonyme correspondant de la nomenclature moderne et le nom français vulgaire. Toutefois nous devons ajouter que, vu l'absence ou l'insuffisance des descriptions, il est souvent impossible de déterminer, même d'une manière approximative, l'espèce et le genre auxquels appartiennent plusieurs des animaux cités par les anciens naturalistes, et qu'en beaucoup d'autres cas on ne peut émettre que des conjectures plus ou moins probables. Malgré les incertitudes inhérentes à un tel sujet, il nous paraît intéressant de présenter sous forme de tableau facile à consulter, l'histoire des humbles origines de la nomenclature zoologique.

Noms grecs d'animaux conservés dans la Nomenclature moderne (1).

Masculins :

Acanthias. — Squalus acanthias L. — Acanthias.
Acanthiôn et Acanthos. — Erinaceus europaeus L. — Hérisson.
Acontias *(Serpent inconnu), actuellement* désigne un genre de Serpents du Cap de Bonne-Espérance.
Ægothêlês. — Caprimulgus europaeus L. — Engoulevent.
Æsalôn. — Falco aesalon Temminck. — Émerillon.
Aëtos. — Aquila fulva Meyer. — Aigle royal.
Aëtos. — Aquila imperialis Cuvier. — Aigle impérial.
Aëtos. — Raia aquila. — Raie Aigle.
Aïx. — Capra vulgaris L. — Bouc-Chèvre.
Alectryôn et Alectôr. — Gallus domesticus Brisson. — Coq-Poule.
Anthias *(Poisson inconnu), actuellement* Anthias sacer Cuv. Val.— Serran·
Anthracias ou Anthracis *(Poisson de mer indéterminé), actuell.* genres de Coléoptères, de Lépidoptères et d'Hyménoptères.
Apous. — Cypselus apus Illiger. — Martinet.
Arctomys. — Arctomys alpina Blum. — Marmotte.
Argas ou Argès *(Serpent inconnu), actuell.* genre de Poissons Siluridés et aussi de Crustacés, de Lépidoptères, d'Hyménoptères, et d'Arachnides.
Ascalabôtês ou Ascalabos. — Lacertus facetanus Aldrov. — Gecko des murailles.
Ascalôpas ou Scolopax. — Scolopax rusticola L. — Bécasse.
Asterias ou Aster. — Asterias *(multae species)*. — Étoile de mer.
Asterias *(Oiseau de proie inconnu)*.
Attagen ou Attagas. — Tetrao bonasia L. — Gélinotte.
Belemnitês. — Belemnites *(permultae species)*. — Bélemnite (2).
Bisôn. — Bos urus Gmelin. — Buffle (3).

---

(1) Le premier nom est celui qu'ont employé les anciens naturalistes grecs ; — le second est le synonyme de la Nomenclature moderne ; — le troisième est le nom français vulgaire.

(2) Les anciens ignoraient que la Bélemnite est l'os intérieur d'un Mollusque analogue aux Seiches, et la rangeaient parmi les pierres.

(3) Le nom de Bison est actuellement donné au *Bos americanus* Gmelin.

Bombyx. — Bombyx Quercus et B. Mori L. — Ver à soie.

Bôs *(forme dorienne de* Bous, *forme attique)*. — Bos taurus L. — Bœuf-Vache.

Bôx, Boôps, Boax. — Sparus boops L. — Bogue.

Byas. — Strix otus L. — Hibou.

Callarias et Clarias. — Gadus merlangus L. — Merlan.

Capros (*Sanglier, en latin Sus scrofa* L.) donné par Lacépède à une famille de Poissons comprenant le genre Zeus.

Carcharias. — Squalus carcharias L. — Requin.

Castôr. — Castor fiber L. (*pléonasme*). — Castor.

Catarrhactès. — Larus argentatus Brenn. — Goeland.

Catôblepas et Blepôn. — Antilope dorcas Buff. *ou* Antilope gnu Gmelin. — Gazelle d'Afrique, Gnou.

Centrinês. — Squalus acanthias L. — Aiguillat.

Cerambyx (*Insecte inconnu*), *actuell.* genre de Coléoptères.

Cerastês. — Coluber cerastes L. — Vipère cornue d'Afrique.

Cercôps. — Cercopithecus (*multae species*). — Singe à grande queue.

Cestreus. — Mugil cephalus Cuv. Valenc. — Muge.

Cêyx (*Oiseau inconnu*), *actuell.* genre de Diptères.

Chamaeleôn. — Chameleon africanus L. — Chamaeléon (*c'est par erreur que les naturalistes français écrivent Caméléon*).

Chelidôn. — Hirundo (*multae species*). — Hirondelle.

Chelôn. — Mugil chelo Cuv. Valenc. — Muge lippu.

Chên. — Anser cinereus Mey. Wolf. — Oie.

Chènalôpêx. — Anser Ægyptiacus Gmel. — Oie d'Égypte.

Chèneros (petite Oie). — Anas clypeata L.

Chlôrion et Chlôreus. — Oriolus luteus L. — Loriot.

Chremps, Chremys, Chromis. — Sciaena cirrhosa L. — Ombrine.

Clarias (*Poisson marin inconnu*), *actuell.* Silurus anguillaris Hasselq. — Anguille du Nil.

Coccyx. — Cuculus canorus L. — Coucou.

C. (*Poisson*). — *an* Trigla cuculus L.? — Trigle grondin.

Côlôtes (*Insecte inconnu*), *actuell.* genre des Coléoptères.

Colaris *(Oiseau inconnu)*, *actuell.* genre des Todidés.

Colias. — Scomber scombrus L. (*pléonasme*). — Maquereau.

Collyriôn. — Lanius excubitor L. — Pie-Grièche.

Cônôps (*Culex pipiens* L.), *actuell.* genre de Diptères phytophages.

Côphias *(Serpent sourd inconnu)*, *actuell.* genre des Ophiosauridés.

Corax et Coracias. — Corvus corax L. (*pléonasme formé d'un nom latin et d'un nom grec ayant le même sens.* — Corbeau.

C. (*Poisson*), *an* Trigla hirundo L.?

Cynorrhaestes, *actuell.* genre d'Arachnides. — Tique du Chien.

Cyôn. — Canis familiaris L. — Chien.

C. — Squalus (*multae species*). — Chien de mer.

Dasypous. — Lepus timidus L., *an potius* Lepus cuniculus L.? — Lièvre *ou plutôt* Lapin

Delphis, Delphin, Delphax. — Delphinus communis L., Phocaena communis Cuv. — Marsouin (1).

Dendrocolaptês *ou* Dryocolaptês. — Picus martius L. — Pic.

Dermestes *(ver qui ronge le cuir)*, *actuell.* genre de Coléoptères.

Dorchos. — Cervus capreolus L. — Chevreuil.

Dracôn. — *Actuell.* genre de reptiles Stellionidés. — Dragon.

Elephas. — Elephas indicus et E. africanus L. — Éléphant.

Ellops ou Elops. — Acipenser sturio L. — Esturgeon.

Epops. — Upupa epops. L. *(pléonasme formé d'un mot latin et d'un mot grec ayant même signification).* — Huppe.

Etelis *(Poisson inconnu)*, *actuell.* genre de Percidés.

Galexias *(Poisson inconnu dont parle Galien)*, *actuell.* genre de la famille des Esocidés.

Gypaëtos et Gryps. — Gypaetus barbatus L. — Gypaète.

Gyps. — Gyps fulvus L. — Vautour.

Haematopous. — Haematopus ostralegus L. — Pied-Rouge.

Halcyon. — Alcedo ispida L. — Halcyon (2).

Haliaëtos. — Aquila ossifraga Briss. — Orfraie.

Halieus (Grenouille marine), *actuell.* Oiseau de la famille des Pelicanidés.

Hierax. — Accipiter nisus L. — Épervier.

Himantopous. — Charadrius himantopus L. — Pied-Grêle.

Hippouros et Hippouris. — Coryphaena hippuris L. — Dorade.

Hypotriorches. — Buteo vulgaris Bechst. — Buse.

Hyrax. — Mus musculus L. *(pléonasme qu'il est facile de corriger en disant* Mus parvulus). — Souris.

Hystrix. — Hystrix cristatus L. — Porc-Épic.

Ichneumôn. — Viverra ichneumon L. — Mangouste (3).

Ichneumôn. — Ichneumon *(multae species).* — Ichneumon.

Ips *(Ver qui ronge le bois)*, *actuell.* genre de Coléoptères.

Labrax ou Latax. — Phoca vitulina L. — Loup de mer, Phoque.

Leimax. — Limax *(multae species).* — Limace.

Lagôpous. — Lepus cuniculus L. — Lapin (4).

---

(1) Les anciens ayant négligé de décrire le Dauphin, au sujet duquel ils ont raconté une multitude d'histoires merveilleuses relativement à son intelligence extraordinaire et à ses sentiments affectueux, il est difficile de décider avec certitude la question de savoir quel est l'animal qu'ils désignaient sous ce nom; peut-être est-ce le Marsouin. La même remarque est applicable au Dragon que quelques ichthyologues ont cru être le Poisson appelé *Trachinus draco* L.

(2) C'est à tort que quelques auteurs écrivent ἀλκυών avec un esprit doux. Ce mot, étant composé de ἀλς (mer) et de κύων (chien) doit être écrit ἀλκύων avec un esprit rude, d'où il suit que la traduction latine est Halcyon.

(3) L'Ichneumon était en grand honneur chez les Égyptiens parce qu'il fait une guerre acharnée à l'Aspic. Quant à l'Hyménoptère qui porte le même nom, c'est aussi un des insectes les plus utiles à cause du grand nombre de Chenilles qu'il détruit pour s'en nourrir.

(4) Il résulte d'un passage de Pline (VIII, 80) et d'un autre d'Ælien

Lagôpous (*Oiseau*). — Tetrao Lagopus. — Lagopède.

Lynx. — Felis lynx L., ou plutôt F. Caracal L. — Loup-Cervier.

Margaritès (*en latin* margarita). — Avicula et Unio margaritifera L. — Avicule et Mulette perlière.

Merops. — Merops apiaster L. — Guêpier.

Meryx (*Poisson inconnu*), *actuell.* genre de Coléoptères.

Monocerôs (*animal fabuleux*), *actuell.* genre de Coléoptères, de Mollusques et de Poissons. — Licorne (1).

Mysmôn. — Ovis ammon L. — Moufflon.

Myrmêcoleôn. — Myrmecoleon formicarius L. — Fourmi-Lion.

Nepous. — Phoca vitulina L. — Phoque.

Nèritès. — Nerites (*multae species*). — Nérite.

Nycticorax. — Ardea nycticorax L. — Corbeau de nuit.

Œnas. — Columba œnas L. — Petit Ramier.

Ophis (*nom commun des Serpents*). — Ophidiens. — Serpent.

Orcys. — Phocaena orca Cuvier. — Épaulard *ou* Orque.

Oreus et Hemionos (*Mulet de montagne*). — Oreus est actuellement le nom d'un genre de Lépidoptères.

Ortyx. — Coturnix dactylisonans Temm. — Caille.

Oryx. — Antilope oryx Pallas. — Gazelle.

Perdix. — Perdix cinerea Brisson. — Perdrix.

Perdix. — P. graeca Briss. — Bartavelle.

Perdix. — Tetrao rufus L. — Perdrix rouge.

Pernix, Pernês et Pernis. — Accipiter nisus L. — Épervier.

Phalacrocorax. — Pelecanus carbo L. — Cormoran.

Pholas. — Pholas dactylus L. *et ceterae species.* — Pholade, Dail.

Physetêr. — Physeter macrocephalus Lacép. — Cachalot.

Pinnotêrês et Pinnophylax. — Cancer Bernardus. — Bernard l'Ermite (2).

Platax (*Poisson plat*), *actuell.* genre des Chaetodontes.

Polypous (3). — Sepia octopodia. — Seiche.

Portax (veau). — *Nom donné par Smith à l'*Antilope picta Pall.

(XIII, 15) que le Lapin est originaire d'Espagne d'où il a été importé d'abord en Italie, puis en Grèce ; de sorte que le substantif grec *Coniclos* est la traduction du substantif latin *Cuniculus,* lequel lui-même était la version d'un mot espagnol.

(1) D'après Ctésias, la Licorne a l'encolure d'un Cheval, la tête de couleur pourpre, les yeux bleus d'azur. Elle porte au milieu du front une corne partie blanche, noire et rouge, d'une coudée de longueur, dont elle se sert pour attaquer les Éléphants. Le vin conservé dans une coupe faite au moyen de cette corne préserve des venins, des poisons et des maladies. Comme il n'existe aucun animal ayant pareil signalement, il faut en conclure, comme l'avait fait Aristote, que Ctésias est un effronté menteur.

(2) Athénée (*Deipnos.*) rapporte que, d'après plusieurs naturalistes grecs, le Pinnotère accompagne les Pinnes, et les mord légèrement lorsqu'une proie leur arrive, afin qu'elles ferment les valves de leur coquille pour saisir l'animal.

(3) Le nom de Polype était appliqué par les anciens naturalistes aux Mollusques Céphalopodes.

Pomatias. — Helix *(permultae species)*. — Escargot.

Prêstêr ou Prêsthês. — Coluber prester L. — Vipère noire.

Prox *(jeune Biche)*, *actuell.* subdivision du genre Cervus. — Cerf.

Psèn. — Cynips psenes L. — Cynips des fruits et des galles.

Ptynx *(Oiseau de proie nocturne)*, *actuell.* genre de la famille des Strigidés.

Pyrrhocorax. — Tetrao lagopus L. — Perdrix de neige.

Rhinocerôs. — Rhinoceros indicus L. — Rhinoceros.

Salanx *(Poisson inconnu)*, *actuell.* genre de la fam. des Scopelini.

Scnips ou Cnips (1), *actuell.* genre d'Hyménoptères, Cynips psenes L.

Scôlex *(ver inconnu)*, *actuell.* genre de vers Cestoidés.

Scolopax. — Scolopax rusticola. — Bécasse.

Scôps. — Strix scops L. — Chouette.

Seleucidès. — Turdus roseus L. — Merle rose.

Sêps *(Reptile inconnu)*, *an* Lacerta chalcides L.?

Solên *(Mollusque indéterminé)*, *actuell.* genre des Solénacés.

Spalax ou Aspalax. — Talpa vulgaris L. — Taupe.

Sphèx. — Vespa vulgaris L. — Guêpe.

Strepsiceros ou Addax. — Antilope addax Lichtenst. — Gazelle de Nubie.

Synodous ou Synodôn, *actuell.* genre de la famille des Coracinés. — Dentale.

Sys ou Hys (2). — Sus scropha L. — Porc.

Taôn ou Taôs. — Pavo cristatus L. — Paon (3).

Tetraôn ou Tetrax. — Tetrao tetrax L. *(pléonasme)*. — Coq de Bruyère.

Thôs. — Canis aureus L. — Chacal.

Tragopan. — Penelope satyra Gmelin. — Faisan cornu.

Thrips *(Ver qui ronge le bois)*, *actuell.* genre d'Insectes Thysanoptères.

Tigris. — Felis tigris L. — Tigre.

Trichias, *actuell.* genre de Crustacés et de Mollusques (4).

Triorchès. — Falco buteo L. — Buse.

---

(1) Il est difficile de savoir quel était l'insecte appelé *Cnips* par les anciens; Aristote se borne à dire qu'il était attiré par le miel. Notons que ce mot a été altéré par les modernes lesquels écrivent *Cynips* le nom d'un genre d'Hyménoptères qui déposent leurs larves dans les feuilles des Chênes, des Rosiers et autres arbres et arbrisseaux.

(2) Il était d'usage dans la langue latine de changer l'*u* des mots grecs en *y*; aussi ne comprend-on pas pourquoi les anciens écrivains romains n'ont pas observé cette règle dans la transcription des mots σῦς (Porc), μῦς (Rat), μύραινα (Myrène), qu'ils auraient dû écrire *sys*, *mys*, *myraena* et non *sus*, *mus* et *muraena*. Les auteurs modernes se sont conformés à cette règle dans la formation des noms *Arctomys*, *Lagomys*, *Chiromys*, *Dactylomys*, etc.

(3) La permutation du substantif grec *Taôn* en Paon, c'est-à-dire d'une dentale en labiale est un fait assez rare.

(4) D'après Cuvier, le *Trichias* est la Feinte, *Clupea ficta* Lacép., ou peut-être la Sardine, *Clupea sardina* Cuv.

Trôx (*Ver rongeur indéterminé*), *actuell.* genre de Coléoptères.
Trygôn. — Columba turtur L. — Tourterelle.
Trygôn. — Raia pastinaca L. — Pastenague de mer.
Tryngas (*Oiseau indéterminé*), *actuell.* genre des Scolopacidés.
Xiphias. — Xiphias gladius L. (*pléonasme*). — Espadon.
Zeus. — Zeus faber L. — Zée forgeron ou Dorée.

FÉMININS :

Abramis (1). — Mugil cephalus L. et M. Capito Cuv. Valenc. — Muge.
Acalèphê ou Cnidê. — Medusa et Actinia (*multae species*). — Ortie de
    mer.
Acanthyllis ou Acanthis. — Carduelis elegans Steph. — Chardonneret.
Acris. — Acridium (*multae species*). — Criquet (2).
Actinophora (*Mollusque marin indéterminé*), *actuell.* genre de Coléoptères.
Aëdôn. — Luscinia philomela Ch. Bon. — Rossignol.
Æthyia. — Gallinula chloropus Lath. (*défaut d'accord*). — Poule d'eau.
Alcê *ou plus rarement* Alcês et Alcis. — Cervus alces L. — Élan.
Alôpex. — Canis vulpes L. — Renard.
Amphisbaena (*Serpent fabuleux à deux têtes*), *actuell.* genre de Serpents
    d'Amérique.
Amia. — Scomber pelamys Brunn. — Amie pélamide.
Anthrênê, Anthrêdôn, Tenthrêdôn. — Vespa crabro L. — Frelon (3).
Aphya. — Clupea encrasicolus L. — Anchois (4).
Aplysia. — (*Zoophytes indéterminés*), *actuell.* genre de Gastéropodes.
Aporrhaïs (*Mollusque marin indéterminé*), *an* Pteroceras chiragrum Lam.?
Arachnê. — Aranea domestica L. — Araignée.
Ascaris. — Ascaris lumbricoidea L. — Ascaride.
Aspis. — Coluber haje L. — Aspic.
Auxis. — Thynnus vulgaris L. — Thon.
Balanos. — Lepas balanus et Balanus tintinnabulum L. (*défaut d'accord*).
    — Gland de mer.
Basilinna. — Regulus cristatus Vieillot. — Roitelet.
Batis ou Batos (*Oiseau inconnu*), *actuell.* genre d'Oiseaux et de Poissons.
Batis. — Raia (*multae species*). — Raie.

---

(1) Quelques auteurs modernes, trompés par une ressemblance de nom,
ont cru à tort que le poisson du Nil, appelé par Athénée *Abramis*, est la
Brème de mer, *Abramis brama* L. Mais celle-ci vit solitaire, tandis que
les *Abramis* dont a parlé l'auteur des *Deipnosophistai* vivaient en troupes
dans la mer, d'où ils pénétraient dans les rivières et notamment dans le
Nil.

(2) Parmi les Criquets, l'*Acridion peregrinum* Oliv., qui fait de si grands
et si rapides ravages dans les récoltes de diverses parties de l'Afrique sep-
tentrionale, était connu des anciens.

(3) Les modernes ont abusivement transporté le nom d'*Anthrene* à un
genre de Coléoptères.

(4) Les anciens ne paraissent pas avoir connu le Hareng des mers du
Nord (*Clupea Harengus* L.), ni la Morue (*Gadus morrhua* L.).

Bdella. — Hirudo medicinalis L. — Sangsue.

Belonê. — Syngnathus acus L. — Aiguille de mer.

Bembêx et Bembix. — Vespa vulgaris L. — Guêpe.

Bembras. — Clupea enchrasicolus L. (*défaut d'accord*). — Anchois.

Boscas. — Anas boschas L. — Canard sauvage.

Boscas. — Anas querquedula L. — Sarcelle.

Boubalis (*féminin de* Boubalos). — Antilope bubalis L. — Bubale.

Bouprestis. — Meloe (*multae species*). — Bupreste vésicant.

Calidris (*Oiseau indéterminé*), *actuell.* genre de Scolopacidés.

Callithrix. — Simia hamadryas Gmel. — Singe d'Ethiopie.

Camelopardalis. — Camelopardalis girafa L. — Girafe.

Cantharis (1). — Mylabris cichorii L. — Sorte de Cantharide.

Carcharias. — Squalus carcharias L. — Requin.

Caris. — Squilla mantis Rond. — Squille.

Cemas (*jeune Cerf*). — Cervus elaphus L.

Cenchris ou Cerchnêis. — Falco tinnunculus L. — Crécerelle.

Cerciôn (*Oiseau voyageur inconnu*), *actuell.* genre de Coléoptères.

Cercôpê ou Cercôpis. — Cicada plebeia Latr. — Cigale.

Chalcis. — Seps chalcides Ch. Bon. — Lézard cuivré.

Chalcis (*Poisson inconnu*), *actuell.* genre de Reptiles Amphisbaenidés.

Charax (*Poisson de mer inconnu*), *an* Holocentrus ?

Chelônê, Chersinê, Chelys et Clemmys. — Testudo graeca L. — Tortue.

Chêmê. — Chama (è *changé en* a), *multae species.* — Chame de mer.

Chimaera (*animal fabuleux*), *actuell.* Chimaera monstrosa L. — Poisson
    de la Méditerranée.

Chlôris. — Oriolus luteus L. — Loriot (2).

Chrysomitris. — Fringilla spinus L. (*défaut d'accord*). — Tarin.

Chrysophrys. — Coryphaena hippurus L. ou Sparus auratus L. — Dorade.

Citta. — Pica melanoleuca Vieillot. — Pie.

Côbitis (*autrefois désignait* Gobio vulgaris), *actuell.* Cobitis barbatula L.
    et ceterae species. — Loche.

Cochlis (*nom banal des Coquilles*), *actuell.* genre des Gastéropodes.

Conis (*Lende des Poux*), *actuell.* genre d'Acalèphes (3).

---

(1) Il est difficile de dire si les anciens ont connu la Cantharide verte
du Frêne. Dioscoride appelle Cantharide un Insecte vésicant, ayant sur
les ailes des lignes transversales jaunes et qui est probablement le *Mylabris Cichorii.* Aristote, Théophraste et Pline appellent Cantharide un
Charançon qui mange le Blé. Il importe d'ailleurs de ne pas confondre
la *Cantharis* avec le *Cantharos* lequel était un Bousier coprophage.

(2) Le mot *Loriot* a subi deux altérations : la première est le changement de *aureo* (aureus) en *oriot*; la seconde consiste dans l'agglutination
de l'article *l'auriot*. La même soudure a eu lieu dans le nom du passage
des Hautes-Alpes bien connu des botanistes, l'Autaret dont on a fait Lau-
taret. C'est de la même manière que dans les mots arabes *alcali, alchimie,
alcarazas,* l'article *al* a été joint, par erreur, au substantif.

(3) Les anciens croyaient que la lende des Poux est un animal hybride,
produit par l'accouplement des Poux, des Puces et des Punaises.

Coris. — Cimex lectularius L. — Punaise.

Cordylê (*Poisson inconnu*), *actuell.* genres de Diptères et de Coléoptères.

Corône. — Corvus corone L. — Corneille.

Corydallis ou Corydalos. — Alauda cristata L. — Alouette huppée.

Coryphaena. — Coryphaena hippurus L. (*défaut d'accord*). — Coryphène.

Côtilè. — Hirundo rustica L. — Hirondelle.

Crambis (*Chenille du Chou*), *actuell.* genre de Lépidoptères.

Crangôn ou Crangè (*Crustacé indéterminé*), *actuell.* genre de Crustacés Décapodes.

Crêx. — Rallus aquaticus L. — Râle d'eau.

Crocuta ou Crocota (1), *actuell.* Canis crocuta L. — Hyène du Cap.

Cymindis. — Strix uralensis Pallas. — Épervier nocturne.

Cynomyia. — Cynomyia (2). — Mouche de chien.

Dorcas et Dorx, *femelle du* Cervus capreolus L. — Chevreuil.

Dorcas lybia. — Antilope dorcas Pall. Gmel. — Gazelle de Lybie.

Drepanis. — Hirundo riparia L. — Hirondelle de rivage.

Echenêis. — Echeneis remora L. — Rémora.

Echinometra. — Echinus cidaris L. (*défaut d'accord*). — Oursin.

Echis ou Echidna. — Coluber berus L. — Vipère.

Empis. — Culex pipiens L. — Cousin.

Emys. — Testudo (*multae species*). — Tortue.

Engraulis. — Clupea enchrasicholus L. (*défaut d'accord*). — Anchois.

Enchelys. — Muraena anguilla L. *et ceterae species.* — Anguille.

Enhydris. — Lutra vulgaris Erxleben. — Loutre.

Epilais (*Oiseau de proie indéterminé*), *actuell.* genre de Sylvidés (3).

Galea ou Galè. — Mustela vulgaris L. — Belette.

Glanis. — Silurus glanis L. — Silure.

Glaux. — Strix passerina Gmel. — Chevêche.

Glottis. — Picus (*multae species*). — Pic.

Gromphas (*vieille Truie*), *actuell.* genre de Coléoptères.

Haemorrhois (*Serpent inconnu*), *actuell.* genre de Colubridés.

Harpè ou Harpa (*Oiseau indéterminé*), *actuell.* genre de Mollusques.

Harpyia (*Oiseau fabuleux*), *actuell.* genre de Falconidés.

Heledonè. — Polypus (*permulta genera*). — Polype.

Helia. — (*Oiseau inconnu*), *actuell.* genre des Ardéidés.

Hyaena. — Hyaena vulgaris Geoffr. Saint-Hil. — Hyène.

Hippouris. — Coryphaena hippurus L. (*défaut d'accord*). — Coryphène Hippure.

Hypolais (*Oiseau inconnu*), *actuell.* genre de Sylvidés.

---

(1) Les anciens croyaient que l'*Hyaena picta* appelée par eux *Crocota* était une hybride de l'Hyène et de la Lionne.

(2) Nom donné par Robineau-Desvoidy à des Diptères vivant sur les cadavres des chiens, comme c'est le cas, par exemple, du *Cynomyia mortuorum*.

(3) Pline a fort inutilement altéré le mot *Epilais* qu'il écrit *Epileus*.

Ibis. — Ibis religiosa L. — Ibis d'Égypte, animal sacré.

Ibis melaena. — Ibix falcinellus Wagl. — Ibis noir d'Égypte.

Ictis. — Mustela foina L. — Fouine.

Ioulis (*Poisson inconnu*), *actuell.* genre de Poissons Labridés, et genre de Myriapodes.

Jynx. — Yunx ou mieux Jynx torquilla L. — Torcol.

Lamia. — Squalus carcharias L. — Requin.

Lampyris. — Lampyris noctiluca, splendidula et italica L. — Ver luisant et Luciole.

Lepas. — Lepas (*multae species*). — Patelle.

Lyra. — Trigla lyra L. — Lyre.

Maena ou Maenis. — Sparus maena L. (*défaut d'accord*). — Mendole.

Maia. — Cancer pagurus L. — Crâbe.

Maltha ou Prestis (*Poisson marin inconnu*), *actuell.* genre de Lophidés.

Mantichora ou Martichoras (*animal fabuleux*), nom donné par les entomologistes à un genre d'Insectes de la Cafrerie.

Meleagris. — Numida meleagris L. — Peintade.

Melitta. — Apis mellifica L. — Abeille.

Molyris (*Insecte inconnu*), *actuell.* genre de Coléoptères.

Mygalê. — Sorex araneus Schreb. — Musaraigne.

Mylabris. — Mylabris (*multa genera*). — Blatte.

Myraena ou Smyraena. — Muraena helena L. — Murène (1).

Narcê ou Narcinê. — Torpedo narce Risso. — Torpille.

Netta. — Anas boscas L. — Canard.

Nêrèis (*personnage fabuleux*), *actuell.* nom d'un genre de Vers.

Nycteris (2). — Chiroptera (*multa genera*). — Chauve-Souris.

Œnanthe (*Oiseau inconnu*), *actuell.* nom d'un genre de Sylvidés.

Ortalis (*Oiseau inconnu*), *actuell.* nom d'un genre de Cracidés.

Ortygometra (*Chef des Cailles*), *actuell.* genre des Rallidés.

Otis. — Otis tarda L. — Outarde.

Ourax, *femelle* du Tetrao urogallus L. — Coq de Bruyère.

Ozaena ou Ozolis (*Mollusque puant*), *actuell.* genre de Mollusques et de Coléoptères.

Panthêra, Panthêr ou Pardalis. — Felix pardus L. — Panthère.

Pêlamys ou Pêlamis. — Thynnus vulgaris L. — Thon.

Pelia ou Pelias. — Columba palumba L. — Pigeon ramier.

Pelôris (*Huître monstrueuse*), *actuell.* nom d'un genre d'Ostracés (3).

---

(1) On devrait écrire *Myraena* et Myrène, attendu que l'*u* se change en *y* dans la transcription latine. C'est du reste ce qu'avait bien compris Lacépède lorsqu'il a créé les genres *Myraenophis* et *Myraenopsis*.

(2) Il est de règle que la diphthongue grecque *ei* se change en *i* dans la transcription latine : d'où il suit qu'il ne faut pas écrire *Cheiroptère*, mais bien *Chiroptère*. Du reste il est bien connu qu'on écrit *chirurgie, chiromancie*, et non *cheirurgie, cheiromancie*

(3) Les botanistes appellent *pélorie* la déformation de certaines fleurs qui, habituellement irrégulières, deviennent régulières, ainsi qu'on l'observe notamment dans les fleurs de *Linaria*.

Pempheris (*Poisson indéterminé*), *actuell.* genre de Poissons Chaeto-
dontés.
Pemphrédon. — Vespa vulgaris L. — Guêpe.
Penia (*Insecte inconnu*), *actuell.* genre de Coléoptères.
Perca, Percé ou Percis. — Perca scriba L. — Perche.
Phabs ou Phatta. — Columba palumba L. — Pigeon ramier.
Phalaena (1) — Balaena mysticetus L. — Baleine.
Phalaena. — B. musculus L. — Rorqual.
Phalaris ou Phaleris. — Anas galericulata L. — Sarcelle de la Chine ?
Phênê. — Gypaetus barbatus Cuv. — Gypaëte.
Philomela. — Motacilla luscinia L. — Rossignol.
Phocaena ou Phocê. — Phoca vitulina L. — Phoque (2).
Pholas. — Pholas (*multae species*). — Pholade perforante.
Phôlis (*Poisson de mer inconnu*), *actuell.* genre de Blennidés.
Phrynê *femelle du* Bufo vulgaris L. — Crapaud.
Physa, Phycis ou Physis. — Gobius niger L. — Boulereau noir.
Pinna. — Pinna (*multae species*). — Pinne de mer.
Pipis ou Pipos (*Oiseau inconnu*), *actuell.* genre de Charadridés.
Pipra. — Picus major Buff. — Pic Epeiche.
Poecilê ou Poecilis (*Oiseau inconnu*), *actuell.* genre de Paridés.
Prasocouris (*Chenille du Poireau*), *actuell.* genre de Coléoptères.
Pristis ou Pristès (*masc.*). — Squalus pristis L. (*défaut d'accord*).
Psaris ou Psaros (*masc.*). — Sturnus vulgaris L. — Étourneau.
Psetta. — Pleuronectes rhombus L. — Poisson plat, Sole.
Psylla ou Psyllê — Pulex irritans. L. — Puce.
Psychê. — Psyche (*multae species*), *chez les anciens* Papillon *en gé-
néral*.
Ptyas. — Coluber haje L. — Aspic.
Pygolampis ou Pygolampas. — Lampyris noctiluca ou splendidula Geoffr.
— Ver luisant.
Pygoscelis. — Colymbus septentrionalis L. — Plongeon.
Pyralis (*Insecte et Oiseau indéterminés*), *actuell.* genre de Lépidoptères.
Rinê ou Rina. — Squatina laevis Cuv. — Ange de mer.
Salamandra. — Salamandra maculosa Laurenti. — Salamandre.
Salpa ou Salpe. — Sparus salpa L. (*défaut d'accord*). — Saupe.
Salpinx (*Oiseau inconnu*), *actuell.* genre de Lépidoptères.
Saura. — Saura (*plurima genera*). — Lézard.

---

(1) Les anciens naturalistes n'ont eu connaissance que par ouï-dire de
la Baleine franche des mers du Nord, et n'ont vu eux-mêmes que les
Rorquals de la Méditerranée, du golfe Persique et de la mer Erythrée. On
remarquera la permutation de lettres au moyen de laquelle les Romains
ont changé *Phalaena* en *Balaena*.

(2) Actuellement le nom de *Phocaena* est donné au Marsouin appelé
par Linné *Delphinus phocaena*, expression qui est un des nombreux
exemples d'apposition vicieuse d'un ancien substantif féminin à la suite
d'un nom de genre masculin.

Sciaena. — Sciaena aquila Cuv. Valenc. — Aigle de mer ou Maigre.

Sciaena. — Umbrina vulgaris Cuv. Valenc. — Ombrine.

Scolopendra. — Scolopendra cingulata Latr. — Scolopendre.

Scorpis ou Scorpaena *(Poisson inconnu)*, *actuell.* genre de Poisson Acan-
thoptérygiens à tête hérissée d'épines.

Selênê *(Poisson inconnu)*, *actuell.* genre de Scombridés.

Sèpia, — Sepia officinalis L. — Seiche.

Sèpedôn *(Serpent inconnu)*, *actuell.* genre de Vipéridés.

Sêtis *(Teigne de la laine, plurima genera)*, *actuell.* genre de Lépidoptères.

Sirèn *(Animal fabuleux à tête de femme et queue de poisson)*, *actuell.*
genre de Batraciens d'Amérique (1).

Sitta ou Sittê, *actuell.* genre de Sertidés.

Smaris. — Sparus smaris L. — Picarel.

Sphinx *(Monstre fabuleux)*, *actuell.* genre de Lépidoptères.

Sphyraena *(Monstre indéterminé)*, *actuell.* genre de Poissons Sphyrénidés.

Spina ou Spriza. — Fringillus coelebs L. — Pinson.

Spongia. — Spongia *(plurimae species)*. — Éponges.

Strinx (2). — Strix flammea L. — Effraie.

Sycalis. — Motacilla ficedula L. — Bec-Figue.

Sycalis. — Muscicapa atricapilla Gmel. — Gobe-Mouche.

Synagris ou Synodon. — Sparus vittatus Bloch. — Spare rayé.

Synodontis ou Synodon, *actuell.* genre des Siluridés.

Taenia. — Taenia solium L. *(défaut d'accord)*. — Ver intestinal rubané.

Taenia. — T. lata Rud.   —   id.

Tethya ou Tethea *(Mollusque marin inconnu)*, *actuell.* genre de Mollusques et de Polygastriques.

Tetrix ou Tetrax. — Tetrao tetrax L. *(pléonasme)*. — Coq de Bruyère.

Tettigometra *(Cigale-Mère)*, *actuell.* genre d'Hémiptères.

Teuthis. — Sepia loligo L. — Calmar.

Thraupis *(Oiseau inconnu)*, *actuell.* genre de Fringillidés.

Thrissa (3). — Clupea alosa L. — Alose.

---

(1) Illiger a aussi donné le nom de *Sirenes* au groupe de Cétacés her-
bivores comprenant le Lamantin et le Dugong. Avec plusieurs autres naturalistes, il a cru que les fables débitées par les poètes au sujet de la
Sirèn avaient été inspirées par le récit de navigateurs ayant vu l'un ou
l'autre de ces Cétacés. Le fait n'est pas impossible en ce qui concerne le
Dugong *(Halicore indicus* Cuv.*)*, qui quelquefois s'avance depuis les mers
de la Sonde et des Indes, où est son séjour habituel, jusque vers le Golfe
Persique et la mer Rouge. Quant au Lamantin, on peut affirmer qu'il n'a
pas été connu des anciens, car l'un *(Manatus americanus)* est particulier
au littoral de l'Amérique méridionale, l'autre *(Manatus senegalensis* Desm.*)*
vit près des côtes de la Guinée jusque vers l'embouchure du Sénégal.

(2) Les anciens Romains ont altéré le mot *Strinx* en *Strix*. Les modernes ont suivi le même errement, qui a peut-être pour origine un *lapsus
calami* de quelque copiste.

(3) Nom employé par Cuvier pour un genre de Clupéidés des Indes
orientales.

Trichis ou Trichia. — Clupea sardina Cuv. — Sardine.
Trigla ou Triglê. — Mullus barbatus L. — Rouget.
Zygaena *(Poisson inconnu)*, *actuell.* genre de Squalidés.
Zygnis *ou* Chalcis *(Reptile inconnu)*, *actuell.* Zygnis est un genre de Reptiles Scincidés ; Chalcis un genre d'Amphisbenidés.

Noms grecs neutres conservés dans la Nomenclature moderne.

Acari (Ciron), *actuell.* genre d'Arachnides.
Entomon *(non commun des Insectes)*.
Glaucion *(Oiseau aux yeux bleus)*, *an* Anas Glaucion L. ? — Garrot ?.
Ostracion *(Poisson inconnu cité par Strabon)*, *actuell.* genre de Poissons sclérodermes.
Otion ou Otarion. — Lepas *(multae species)*. — Patelle.
Selachê (1).
Scyllion *(Poisson indéterminé)*, *actuell.* genre de Squalidés.
Zòdion *(Insecte inconnu)*, *actuell.* genre de Diptères.
    Et les diminutifs suivants :
Batrachion *(petite Grenouille)* ; — (2) Dorcadion *(petit Chevreuil)* ; — Hipparion *(petit Cheval)* ; — Nettion ou Nettarion *(petit Canard)* ; — Ophidion *(petit Serpent)* ; — Ortygion *(petite Caille)* ; — Ostracion *(petite Huître)*.

Noms grecs masculins dont la désinence a été changée dans la Nomenclature moderne.

Désinence *os* changée en *us*.

Ægithalos. — Parus major L. — Mésange.
Ægithos (3). — Linaria cannabina L. — Linotte.
Ægocephalos *(Oiseau inconnu)*, *an* Scolopax aegocephala L. ?
Ægolios. — Strix *(ou mieux* Strinx) flammea L. — Effraie.
Ægypios. — Vultur *(multae species)*. — Vautour.
Ælouros. — Felix catus L. *(pléonasme et défaut d'accord)*. — Chat.
Antaceos *(Poisson inconnu)*, *actuell.* genre de Poissons Acipenséridés.
Anthos. — Motacilla alba Gmel. — Bergeronnette.
Ascalabos. — Lacerta mauritanica Gmel. — Gecko.

---

(1) Nom donné par Aristote à la classe des Poissons cartilagineux et qu'on retrouve dans la classification de Cuvier, transformé en Sélaciens, ou mieux Sélachiens (prononcez Selakiens).

(2) *Batrachion* et *Dorcadion*, ont été transportés à des genres de Coléoptères. — *Nettion* et *Ortygion* sont restés, l'un à un genre d'Anatidés, l'autre a un genre de Tétraonidés. — *Ophidion* et *Ostracion* sont devenus abusivement des genres de Poissons.

(3) Nom transporté par les modernes à un genre de Coléoptères.

Ascalaphos *(Oiseau nocturne indéterminé)*, *actuell.* genre de Névroptères myrmécoléoniens.

Astacos. — Cancer gammarus L. — Homard.

Attelabos (1). — Locusta *(multae species)*. — Sauterelle.

Balleros. — Brama *(multae species)*. — Brême.

Basiliscos. — Regulus cristatus Vieill. — Roitelet.

Batrachos. — Rana viridis L. — Grenouille.

B. thalassios. — Lophius piscatorius L. — Baudroie de mer.

Blennios *(Pline)*, *an* Blennius ocellarius L. ? — Blennie.

Bombylios. — Apis mellifica L. — Abeille.

B. — Bombyx Quercus et B. Mori. — Ver à soie.

Bostrychos *(Insecte inconnu)*, *actuell.* genre de Coléoptères.

Boubalos ou Boubalis. — Bos bubalus L. — Bufle.

B. — Antilope bubalis L. — Antilope.

Bouglossos. — Pleuronectes solea L. *(défaut d'accord)*. — Sole.

Bouphos *(Oiseau inconnu)*, *actuell.* genre d'Ardéidés.

Brenthos *(Oiseau inconnu)*, *actuell.* genre de Coléoptères.

Brouchos. — Locusta *(multae species)*. — Sauterelle.

Bryttos. — Echinus *(multae species)*. — Oursin de mer.

Callionymos ou Ouranoscopos. — Uranoscopus scaber L. — Ourano-scope.

Camelos. — Camelus bactrianus et dromedarius L. — Chameau à une et à deux bosses.

Cantharos (2). — Copris *(multae species)*. — Bousier.

Carabos. — Palinurus vulgaris Latr. — Langouste.

C. *(Insecte non déterminé)*, *actuell.* genre de Coléoptères.

Carcinos. — Cancer *(plurima genera)*. — Crabes ou Cancres de mer.

Causos *(Serpent inconnu)*, *actuell.* genre des Vipéridés.

Cêbos ou Cêphos. — Cercopithecus pyrrhonotus Heinpr. Ehr. — Singe à longue queue.

Celeos *(Oiseau inconnu)*, *actuell.* genre des Picidés.

Cephalos. — Cyprinus dobula L. *(défaut d'accord)*. — Meunier.

C. — Mugil cephalus Cuv. Valenc. — Muge Céphale.

Cepphos. — Gallina Chloropus Latham. (3). — Poule d'eau.

Cercopithêcos. — Cercopithecus pyrrhonotus. — Singe à longue queue.

Certhios ou Certhia. — Certhia familiaris L. — Grimpereau.

Cerylos. — Alcedo ispida L. — Halcyon.

Charadrios. — Charadrius pluvialis L. — Pluvier.

Choiropithêcos *(Singe-Cochon)*, *actuell.* genre des Simiés.

Cillouros *(Oiseau inconnu)*, *actuell.* genre des Certhidés.

---

(1) Appliqué par les modernes a un genre de Coléoptères.

(2) Les modernes ont donné le nom de *Cantharus* à un poisson Acanthoptérygien, *Sparus cantharus* L.

(3) Pour faire cesser le désaccord entre *Gallina* qui est du genre féminin et *chloropus* qui est masculin, il suffirait de changer *chloropus* en *chloropoda*.

Cinclos (*Oiseau indéterminé*), *actuell.* genre des Charadridés et Turdidés.

Cinnamologos (*idem*), *actuell.* genre des Upupidés.

Circos. — Buteo aeruginosus Daud. Lath. — Busard.

Citharos ou Citharôdès (*Poisson plat indéterminé*), *actuell.* genre des Pleuronectés.

Clèros (*Ver rongeur indéterminé*), *actuell.* genre de Coléoptères.

Cnipologos ou Colios. — Picus viridis L. — Pic vert.

Côbios ou Coitos. — Cottus gobio et C. scorpio L. — Chabot.

Cochlos ou Cochlias. — Helix (*permultae species*). — Limaçon.

Coloios. — Corvus glandarius Vieill. — Geai.

C. — Corvus monedula L. (*défaut d'accord*). — Choucas.

Colymbos ou Colymbis. — Colymbus glacialis L. — Plongeon.

Coracinos. — Sparus chromis L. — Spare marin.

Coracinos. — Labrus niloticus L. — Poisson du Nil.

Cordylos (1).

Corydos ou Corydalos et Corydallis. — Alauda cristata L. — Alouette huppée.

Cossyphos, — Turdus merula *ou mieux* Merulus L. — Merle.

Cossyphos (*Poisson inconnu*), *actuell.* genre de Labridés.

Cottos — Cottus gobio L. — Chabot ou Meunier.

Crocodilos. — Crocodilus vulgaris L. — Crocodile.

Cycnos. — Cygnus musicus Bechst. — Cygne.

Cynchramos. — Rallus crex L. — Roi des Cailles.

Cynocephalos. — Cynocephalus hamadryas Cuv. — Cynocephale (Tête de Chien).

Cyprinos. — Cyprinus carpio L. — Carpe.

Cypselos. — Hirundo apus L. (2). — Martinet.

Dactylos. — Pholas (*multae species*). — Dail de mer, Pholade.

Dascillos (*Poisson inconnu*), *actuell.* genres de Poissons Pomacentridés et de Coléoptères.

Drilos. — Lumbricus terrestris Müll. — Lombric.

Dryocopos ou Dryocolaptès. — Picus martius L. — Pic noir.

Dyticos (3). — Dyticus (*multae species*). — Dytique.

Echinos. — Erinaceus europaeus L. — Hérisson.

Echinos. — Echinus esculentus L. *et ceterae species*. — Oursin de mer.

Elaphos. — Cervus elaphus L. (*pléonasme*). — Cerf.

Eleginos (*Poisson inconnu*), *actuell.* genre de Sciaenidés.

Enchrasicolos. — Clupea enchrasicolus L. — Anchois.

---

(1) Aristote appelait ainsi la larve de la Salamandre aquatique. Ce nom a été prodigué dans la Nomenclature moderne et s'applique à des genres de Reptiles, de Poissons, de Coléoptères et de Diptères.

(2) Pour établir l'accord il faudrait dire *Hirundo apoda*, ou mieux encore *H. brachypoda* (à courts pieds), car il n'est pas exact de dire que le Martinet est apode, ou sans pieds.

(3) C'est à tort que les entomologistes écrivent *dysticus*, au lieu de *dyticus*.

Eriphos (*Chevreau*), *actuell.* genre de Coléoptères.

Erithacos ou Phoenicouros. — Motacilla phoenicurus L. — Rossignol de muraille.

Erythrinos. — Perca scriba L. — Rouget.

Exocoetos (*Poisson de mer inconnu*), *actuell.* genre de Scomberesocés.

Gados ou Onos (*Poisson inconnu cité par Athénée*), *actuell.* genre de Gadidés.

Galeos. — Squalus (*multa genera*). — Squale.

Glaucos. — Scomber scombrus L. (*pléonasme*). — Maquereau.

Haliaëtos. — Falco haliaetus L. — Aigle de mer.

Hepatos (*Poisson de mer inconnu*), *actuell.* genre de Percidés et de Crustacés.

Hêpiolos (*Papillon indéterminé*), *actuell.* genre de Bombycés.

Hepsêtos (*Terme générique des poissons comestibles*), *actuell.* Atherina hepsetus L. (*défaut d'accord*).

Hippocampos et Hippocampê (*animal inconnu*), *actuell.* genre de Poissons Lophobranches.

Hippos potamios (1). — Hippopotamus amphibius L. — Hippopotame.

Hinnos et Ginnos (*Mulet*), *actuell.* genre de Mollusques.

Hydros ou Hydra (*animal fabuleux*), Coluber natrix L. — Couleuvre aquatique (2).

Ictinos. — Milvus regalis Brisson. — Milan.

Ioulos. — Scolopendra cingulata Latr. — Scolopendre.

Labros. — Labrus bergilta Asc. (*défaut d'accord*). — Labre de mer.

Laeos (*Oiseau inconnu*), *actuell.* genre de Coléoptères.

Laros. — Larus glaucus et fuscus Gmel. — Goëland.

Leuciscos. — Leuciscus rutilus Yarrell. — Gardon.

Liobatos. — Raia (*multa genera*). — Raie.

Lycos. — Canis lupus L. — Loup.

L. thalassios. — Perca labrax L. — Bar, Loup de mer.

L. (*Insecte inconnu*), *actuell.* genre de Coléoptères et de Lépidoptères.

Melanaëtos. — Aquila fulva L. — Aigle noir.

Melancoryphos. — Sylvia atricapilla Scop. — Fauvette à tête noire.

Mormyros (3). — Sparus mormyrus L. — Spare de mer.

Morphnos, Percnos, Plangos. — Falco haliaetus L.

Moschos *(Veau en latin Vitulus)*, *actuell.* genre de Cerf et d'oiseaux Anatidés.

Mysticetos (4). — Balaena musculus L. (*défaut d'accord*). — Rorqual de la Méditerranée.

---

(1) Voyez, page 62, nos remarques sur la construction vicieuse du mot *Hippopotamos* (fleuve de cheval), qu'on devrait remplacer par *Potamippos* (Cheval de fleuve).

(2) Dans la Nomenclature moderne le nom d'*Hydra* a été encore, et malheureusement, appliqué à un genre de Polypes.

(3) Actuellement employé pour désigner un genre de poisson du Nil.

(4) Le nom de *Mysticetus* a été appliqué par Linné à la Baleine franche

Mytilos. — Mytilus edulis. — Moule.

Nautilos. — Argonauta argo L. (*pléonasme*). — Nautile.

Necydalos ou Necydalis (1), *actuell.* genre de Coléoptères.

Nertos (*Oiseau de proie indéterminé*), *actuell.* genre de Falconidés et de Coléoptères.

Œstros. — Tabanus (*multæ species*). — Taon.

Olysthos (*Poisson inconnu*), *actuell.* genre de Scombridés.

Onos. — Equus asinus L. — Ane.

Onos, *actuell.* genre de poissons Gadidés. — Ane de mer.

Onocrotalos ou Pelecanos. — Pelecanus onocrotalus L. — Pélican.

Orcynos. — Thynnus vulgaris L. — Thon.

Orphos. — Anthias sacer Bloch. — Rouget Anthias.

Orphos. — Cyprinus orphus Bloch. — Cyprin Orphe.

Osmylos (*Mollusque inconnu*), *actuell.* genre de Névroptères.

Otos. — Strix (*ou mieux* Strinx) otus L. (*défaut d'accord*). — Hibou.

Ouranoscopos ou Callionymos. — Uranoscopus scaber L. — Uranoscope.

Oxyrrhynchos. — Acipenser sturio L. — Esturgeon.

Pagouros et Phagros. — Sparus erythrinus L. — Pagre.

Pagouros. — Cancer moenas L. — Crabe commun.

Pelargos. — Ciconia alba Bel. — Cigogne.

Percnopteros. — Vultur percnopterus Gmel. — Percnoptère.

Phasianos. — Phasianus colchicus L. — Faisan.

Phoenicopteros. — Phoenicopterus ruber L. — Phénicoptère.

Phoxinos. — Cyprinus phoxinus L. — Phoxin ou Vairon.

Physalos. — Pterobalaena communis Eschr. — Rorqual.

Pithêcos ou Pithêx. — Simius pithecus L. — Magot.

Pompilos (*Poisson de mer indéterminé*), *an* Coryphaena hippuris L.?

Phrynos. — Bufo vulgaris L. — Crapaud.

Psittacos ou Psittacê. — Psittacus (*multae species*). — Perroquet.

Pygargos. — Haliaetus leucocephalus Cuv. — Aigle à tète blanche.

Rhinobatos (*Poisson de mer indéterminé*), *actuell.* genre de Rajidés et de Coléoptères.

Rhombos. — Pleuronectes maximus L. — Turbot.

Sargos ou Sarginos (*Poisson de mer inconnu*), *actuell.* genre de Sparidés et de Coléoptères.

Sauros (*non commun des Lézards*) — Sauriens.

Scaros. — Scarus cretensis L. — Scare de mer.

Schoeniclos (*Oiseau inconnu*), *actuell.* genre de Fringillidés.

Scincos. — Lacerta scincos Lacép. (*défaut d'accord*). — Scinque.

Scincos. — Lacerta nilotica L. — Scinque du Nil.

des mers du Nord que les naturalistes grecs et romains n'ont jamais vue, mais dont ils avaient cependant entendu parler, ainsi que le prouve le vers suivant de Juvénal : *quanto Delphinis Balaena britannica major;* Satire X, 14.

(1) Aristote appelait *Necydalos* la chenille du Ver à soie.

Sciouros. — Sciurus vulgaris L. — Écureuil.

Scombros. — Scomber scombrus L. (*pléonasme*). — Maquereau.

Scorpios. — Scorpio europaeus et occitanus L. — Scorpion.

Scorpios (*Poisson de mer indéterminé*), *actuell.* genre de Poissons Cataphractés.

Scymnos (*jeune Lion*), *actuell.* genre de Poissons Squalidés.

Silouros. — Silurus glanis L. — Silure.

Sparos. — Sparus erythrinus L. — Coracin.

Spatangos. — Echinus (*multae species*). — Oursin de mer.

Spinos. — Fringilla spinus L. (*defaut d'accord*). — Tarin.

Spongos. — Spongia (*multae species*). — Éponge.

Staphylinos (*Insecte indéterminé*), *actuellement* les Staphylins sont des Coléoptères sarcophages et coprophages.

Strombos (*Mollusque marin inconnu*), *actuell.* genre de Mollusques Strombés.

Strouthos. — Fringilla domestica L. — Moineau.

Strouthocamelos. — Struthio camelus L. — Autruche.

Tarandos. — Cervus tarandus L. — Renne.

Tauros. — Bos taurus L. — Taureau.

Thymallos. — Thymallus vexillifer Agassiz. — Ombre.

Thynnos. — Thynnus vulgaris L. — Thon.

Trachouros (*Poisson de mer inconnu*), *actuell.* genre de Scombridés.

Tragelaphos. — Cervus Aristotelis Cuv. — Cerf de l'Inde.

Tragos. — Capra aegragus Gmelin. — Bouc.

Trochilos ou Tyrannos (1). — Regulus cristatus Vieill. — Roitelet.

Typhlos ou Typhlinos (*Serpent aveugle*). — Anguis fragilis L. — Orvet.

Xylophthoros (*Insecte perce-bois*), *actuell.* genre de Coléoptères.

Désinence es changée en a.

Achaetès. — Cicada (*multae species*). — Cigale.

Calamoditès (*Oiseau aquatique indéterminé*), *actuell.* genre de Sylvidés.

Margaritès. — Margarita margaritifera L. (*pléonasme*). — Perle.

Neritès. — Nerita Mollusque Trochoidé. — Nérite.

Pyraustès, *actuell.* Lépidoptère Pyralidé.

Désinence os changée en a.

Bucardios (*turquoise, pierre précieuse*), *actuell.* genre de Mollusques Cardiacés.

Dithyros (*Mollusque marin inconnu*), *actuell.* Dithyra genre de Mollusques Acéphales.

Geranos (*Grue*), *actuell.* Gerania genre de Coléoptères.

Herôdios (*Héron*), *actuell.* genre d'Oiseaux Ardéidés et de Coléoptères.

Hêsychos (*Poisson de mer inconnu*), *actuell.* Hesycha genre de Coléoptères.

---

(1) Les Grecs appelaient *Trochilos* un oiseau qui venait dans la bouche du Crocodile pour le débarrasser des insectes posés sur sa langue.

Désinence *os* changée en *inê*.

Myxinos (*Poisson visqueux indéterminé*), *actuell.* Myxine Poisson
Cyclostome.

Désinence *as* changée en *us*.

Aulôpias (*Poisson de mer inconnu*), *actuell.* Aulopus Poisson Scopeliné.

Désinence *ops* changée en *a*.

Myops. — Tabanus (*multæ species*). — Taon.

Désinence *on* changée en *um*.

Diminutifs : Acridion *(petite Sauterelle).* — Carcinion *(petit Crabe).* —
Cephênion *(petit Frelon).* — Conchylion *(petit Coquillage).*— Ostreon
(petite Huître). — Sèpion, Sèpidion, Sèpidarion *(petite Seiche).*
Chennion. — Coturnix dactylisonans Temm. — Petite Caille.
Phalangion. — Lycosa tarentula Latr. — Tarentule.
Scyllion. — Scyllion catulus L. *(défaut d'accord).* — Roussette.

Désinence *on* changée en *a*.

Ephèmeron (*animal inconnu*), *actuell.* genre de Névroptères.
Eriphion (*petit Chevreau*) (1). — Tettigonion (*petite Cigale*).
Holothourion (*Zoophyte marin indéterminé*). — Holothuria *actuell.* genre
de Mollusques et d'Echinodermes.
Xiphydrion ou Sciphydrion (*Poisson inconnu*). — Xiphydria, *actuell.* genre
d'Hyménoptères.

Désinence *on* changée en *us*.

Hèmerobion (*Diptère inconnu*). — Hemerobius, *actuell.* genre de Névroptères.

Désinence *os* changée en *us*.

Cètos. — Balaena musculus L. — Rorqual.
Côthos. — Cyprinus gobio L. — Goujon.

Suppression de l'*n* final.

Dracôn (*animal fabuleux*), *actuell.* Poisson, Trachinus draco L.
Leôn. — Felis leo L. — Lion.
Porphyriôn. — *Actuell.* Porphyrio hyacinthinus Temm. — Poule sultane.
Strouthiôn. — Struthio camelus L. — Autruche.
Teredôn. — Teredo navalis L. — Ver rongeur du bois.
Tenthrèdôn. — Vespa crabro L. — Frelon.
Tetraôn. — Tetrao urogallus L. — Coq de bruyère.

---

(1) Actuellement le nom d'*Eriphion* est appliqué à des genres de Crustacés, de Coléoptères et de Diptères.

Suppression de l's final.

Aceras. — *Actuell.* Mollusque Crypsibranchié.
Cèlas. — Pelecanus onocrotalus. — Pélican.
Pyrrhoulas. — Loxia pyrrhula L. — Bouvreuil.
Tryngas (1). — Totanus ochropus Bechst. — Chevalier Cul-Blanc.

Changement de l'n en s.

Êlacatèn (es). — Thynnus vulgaris L. — Thon.

Addition d'une syllabe finale.

Cèphèn (us) (Bourdon), *actuell.* genre de Diptères.
Pardalos (*Oiseau inconnu*), *actuell.* Pardalotus genre d'Oiseaux Ampélidés.
Psar (is). — Sturnus vulgaris L. — Étourneau.
Phôr (a). — Vespa vulgaris L. — Frelon.
Phtheir (Phthiria). — Pediculus capitis Swamm. — Pou.
Glaux (Glaucis). — Strix (*ou mieux* Strinx) brachyotos L. (*défaut d'accord*). — Chouette.

Noms grecs d'animaux non employés dans la Nomenclature moderne.

Acharnê, Acharna, Acharnas et Acharnos. — Perca labrax L. — Bar.
Ætneos (*Poisson de mer inconnu*).
Aïx (2). — Capra aegragus domestica Gmel. — Chèvre.
Arctos (3). — Ursus arctos L. (*pléonasme*). — Ours.
Barinos (*Poisson de mer inconnu*).
Bonassos ou Bonasos. — Bos urus Gmel. — Aurochs.
Campê (4). — *Multa genera.* — Chenille.
Cartazônos (*Quadrupède indéterminé de l'Inde*).
Cerdô et Cerdalê. — Canis vulpes L. — Renard.
Cècibalos (*Mollusque inconnu*).
Cèryx et Carix. — Buccinum (*multae species*). — Buccin.
Cocalos ou Localos (*Oiseau inconnu*).
Cochlias, Cochlos, Cochlion et Cochlidion. — Helix (*permulta genera*).
Côcalia. — Suivant Aristote, famille de la classe des Ostracoderma.
Choirinê (*Mollusque marin inconnu*).

---

(1) Ce nom a été employé par Linné pour désigner un genre de Bécasseaux échassiers.

(2) Ce radical existe dans plusieurs noms composés, tels que *Ægoceros, Ægopis, Ægocephalus, Ægotheles.*

(3) Le radical grec *Arctos* signifiant Ours, de même que le substantif latin *Ursus*, a servi à former plusieurs noms composés, *Arctomys, Arctogale, Arctocephalus, Arctocyon.*

(4) Le radical *campe* a été employé à la formation des mots composés *Campophaga, Campophilus.*

Colybdaena (*Crustacé indéterminé*).

Crios (1). — Ovis aries L. — Bélier.

Crotôn (*Tique indéterminée*).

Cteis (2). — Pecten (*multae species*). — Peigne.

Cyanos (*Oiseau bleu indéterminé*).

Cyllaros (*Crustacé inconnu*).

Cynoprestis (*Insecte tue-chien*).

Cynops (*Poisson marin indéterminé*).

Dellis. — Vespa vulgaris L. — Guêpe.

Elecos. — Mus glis Gmelin. — Loir.

Eleos. — Strix (*ou mieux* Strinx) flammea L. — Effraie.

Elea (*Oiseau inconnu*).

Glanos. — Hyaena vulgaris L. — Hyène.

Gnaphalos. — Bombycilla garrula Vieill. — Jaseur.

Gryps ou Grypaetos (*Oiseau fabuleux*), Gryphus *actuell.* genre d'Oiseaux
    Trochilidés, de Reptiles Paléosauriens et de Mollusques Térébratulés.

Hemionos. — Equus hemionus Pallas. — Hémione.

Helmins ou Helminx (3). — Lumbricus vulgaris L. — Lombric.

Haliplcumôn (*Poisson de mer inconnu*).

Hippardion. — Cervus tarandus L. — Renne.

Hippelaphos ou Tragelaphos. — Cervus Aristotelis Cuv. — Cerf de
    l'Inde.

Hippeus. — Cancer macropodus L. — Cavalier.

Hippos (4). — Equus caballus L. (*pléonasme*). — Cheval.

Lagôs. — Lepus timidus L. — Lièvre.

Lamyros (*Poisson de mer inconnu*).

Malacocraneus (*Oiseau inconnu*).

Marinos (*Poisson de mer inconnu*).

Melanuros. — A1 Sparus oblada L. ? — Oblade.

Membras. — Clupea sardina Cuv. — Sardine.

Myalos (*Poisson de mer inconnu*).

Myia (5). — *Permulta genera.* — Mouche.

Myrinos (*Poisson inconnu*). — Myrina est *actuell.* un genre de Papilio-
    nidés.

---

(1) Le radical *crios* a servi à composer les noms génériques *Crioceras,
Criocephalê, Criomorphê.*

(2) La forme oblique de ce radical a été employée dans la formation de
plusieurs mots composés, comme *Ctenodus, Ctenolepis, Ctenomys.*

(3) Ce radical a servi à former le mot *Helminthes* par lequel on désigne
le groupe des vers intestinaux, et le substantif composé *Helminthologie.*

(4) Les radicaux *Hippos, Leôn, Lagôs* ont servi à la formation d'un
grand nombre de mots composés *Hippotherion, Hippocephalus, Leonto-
pithecus. Myrmecoleon, Lagomys, Lagothrix, Lagopus,* etc.

Caballus (Cheval) est le nom vulgaire dont se servaient les anciens
peuples latins et qu'on retrouve encore aujourd'hui dans l'italien *cavallo*
et dans l'espagnol *caballo*. D'où il suit que l'expression *Equus caballus*
équivaut à Cheval-Cheval.

(5) Le radical *Myia* entre dans un grand nombre de noms génériques
de Diptères.

Myros ou Smyros. — Myraena Christini Risso.

Myrmex. — Formica (*multae species*). — Fourmi.

Nebros (*jeune Biche*), actuell. Nebris est un genre de Poissons Sciaenidés. — *Nebria* est un genre de Coléoptères.

Oïs (1). — Ovis aries L. — Brebis, bélier.

Pardalis ou Pardalê. — Felis pardus L. — Panthère.

Phalanx. — Araneus (*multa genera*). — Araignée.

Peraeas. — Mugil cephalus Cuv. Valenc. — Muge.

Phagros (2). — Pagrus vulgaris Cuv. Valenc. — Pagre.

Phattagês (*Reptile de l'Inde*).

Phôix ou Pôix (*Oiseau inconnu*).

Piphêx ou Piphinx (*Oiseau inconnu*).

Pindalos (*Oiseau inconnu*).

Pithêcos ou Pithex (3). — Nom commun des Singes.

Porphyra (*en latin* Purpura). — Coquillage de la Pourpre.

Porphyris (*Oiseau inconnu*).

Platanistès (*Poisson du Gange*).

Pneumôn. — Holothuria (*multae species*). — Holothurie.

Presbys (*Oiseau inconnu*).

Psylôn (*Poisson inconnu*).

Satyrion (*animal fabuleux*). — Le nom de Satyros a été donné à un genre de singes.

Sathêrion. — Lutra vulgaris Erxl. — Loutre.

Schoeniôn (*Oiseau de marais*).

Sês (4). — Tinea (*multae species*). — Teigne.

Simos. — Thynnus vulgaris L. — Thon.

Smylla (*Poisson inconnu*).

Strabêlos (*Mollusque inconnu*).

Taôs ou Taôn. — Pavo cristatus L. — Paon.

Tettyx. — Cicada plebeia Latr. — Cigale.

Têthos ou Têthion. — Ascidia (*multae species*).

Tillôn (*Poisson inconnu*).

Tiphê. — Blatta (*multae species*). — Blatte.

Troglêtês ou Troglitês. — Hirondelle de mer.

Trôxallis (*Chenille indéterminée*).

Tympanos (*Oiseau inconnu*).

(1) La parenté de l'*Ovis* des Latins avec l'*Oïs* des Grecs est évidente. La même relation existe entre *Musca* (Mouche) et *Myia*.

(2) Pline a traduit ce mot par le substantif *Phager* (XXXII, 53) qu'il a altéré en *Pagrus* au livre IX, 24. Il est étonnant que les ichthyologues modernes aient préféré ce dernier nom au premier, qui au moins se rapprochait de la forme grecque *Phagros*.

(3) Ce radical entre dans la composition de plusieurs noms tels que *Galeopithecus, Semnopithecus, Cercopithecus*.

(4) Nom sous lequel on désignait les diverses larves de Lépidoptères qui attaquent les grains, les étoffes de laine, le crin, comme *Tinea granella, T. sarcitella, T. crinella* et autres.

Noms latins conservés dans la Nomenclature moderne.

Accipiter. — Falco nisus L. — Épervier.
Acipenser. — Acipenser sturio L. — Esturgeon.
Addax *(Strepsiceros des Grecs)*. Antilope addax Lichtenst. — Gazelle de Nubie.
Alauda. — Alauda arvensis L. — Alouette.
Alburnus *(Ausone,* Moselle, 126). — Cyprinus alburnus L. — Ablette.
Alosa. — Clupea alosa L. — Alose.
Alucus. — Strix otus L. — Hibou.
Anas. — Anas boschas L. — Canard.
Anguilla. — Muraena anguilla L. — Anguille.
Anguis *(multae species)*. — Genre de Serpents Scincidés.
Anser. — Anser cinereus Mey. Wolf. — Oie.
Aper. — Sus scropha L. — Sanglier.
Apis. — Apis mellifica L. — Abeille.
Aquila. — Aquila imperialis Cuv. — Aigle impérial.
Aquila maritima. — Sciaena aquila Cuv. Valenc. — Aigle de mer ou Maigre.
Araneus et Aranea. — Aranea domestica L. — Araignée.
Araneus marinus. — Trachinus draco L. — Araignée de mer.
Ardea ou Ardeola. — Ardea cinerea Latham. — Héron.
Aries. — Ovis aries L. — Bélier-Brebis.
Aries maritimus. — Delphinus orca L. *(défaut d'accord)*. — Bélier de mer.
Asellus *(dimin. d'Asinus)*. — Gadus tricirrhatus L. — Lote.
Asilus ou Tabanus. — Tabanus *(multae species)*. — Taon.
Asinus. — Equus asinus L. — Ane.
Asio. — Strix otus L. — Hibou.
Attilus (1). — Acipenser sturio L. — Esturgeon.
Aurata. — Sparus aurata L. *(défaut d'accord)*. — Dorade.
Axis (2). — Cervus axis Erxleben. — Cerf du Gange.
Barbus (Ausone, *Moselle*, 134). — Barbus fluviatilis Valenc. — Barbeau.
Blatta *(multae species)*. — Blatte.
Boa (3). — Pytho Sebae L. — Python d'Afrique.

---

(1) Les riverains du Pô appellent encore aujourd'hui *Adilo* une espèce d'Esturgeon qui peut-être est la même que celle dont a parlé Pline avec son exagération habituelle : l'Attilus du Pô s'engraisse par le repos au point de peser quelquefois jusqu'à mille livres (IX, 17).

(2) Ce nom, qui est évidemment un mot hellénique, n'est pas cité par les auteurs grecs de nous connus.

(3) Il est superflu de dire que les anciens ne connaissaient pas les Serpents d'Amérique appelés aujourd'hui Boas. Il est probable qu'ils appliquaient ce nom au Python d'Afrique rendu célèbre par l'histoire si souvent répétée de l'énorme reptile de 120 pieds de longueur que les soldats de Régulus eurent tant de peine à tuer. L'exagération de ce récit, que Pline s'est plu à rapporter (VIII, 14) fait penser au vieux proverbe : *Fama crescit eundo*. 20 pieds seront devenus 120 pieds.

Bubo. — Strix bubo L. — Grand-Duc.
Bufo. — Bufo vulgaris L. — Crapaud.
Buccinum. — Buccinum (*multae species*). — Buccin.
Buteo. — Falco buteo L. — Buse.
Cancer. — Cancer (*multae species*). — Crabe.
Canicula. — Squalus (*multae species*). — Squale.
Canis. — Canis familiaris ou domesticus L. — Chien.
Capito (1). — Cottus gobio L. — Chabot ou Meunier.
Capra. — Capra aegragus Gmel. — Chèvre.
Caprea. — Cervus capreolus L. — Chevreuil.
Caprimulgus (*tette-chèvre*). — Caprimulgus europaeus L. — Engoulevent.
Carduelis. — Carduelis elegans Steph. — Chardonneret.
Cervus. — Cervus elaphus (*pléonasme*). — Cerf.
Chaus (*Pline*), *actuell.* Felis chaus Guldenst. — Lynx des marais.
Cicada. — Cicada plebeia Latr. — Cigale.
Cicendela (2).
Ciconia. — Ardea ciconia L. — Cigogne.
Cimex. — Cimex lectularius L. — Punaise.
Clupea (*Poisson du Pô*), *actuell.* genre de Clupeidés. — Clupée.
Columba. — Columba palumba L. — Colombe.
Conger (3). — Muraena conger. — Congre.
Corvus. — Corvus corax L. (*pléonasme*). — Corbeau.
Cossus (*ver qui ronge le bois*), *actuell.* genre de Lépidoptères.
Coturnix. — Coturnix dactylisonans Temm. — Caille.
Crabro. — Vespa crabo L. — Frelon.
Culex. — Culex pipiens L. — Cousin.
Cuniculus. — Lepus cuniculus L. — Lapin.
Dama. — Cervus dama L. — Daim.
Dracunculus (*Poisson de mer inconnu*), *actuell.* genre de Reptiles Stel-
  lionidés.
Equus. — Equus caballus L. — Cheval.
Erinaceus. — Erinaceus europaeus L. — Hérisson.
Eruca (*Chenille*), *actuell.* genre de Mollusques Hélicinés.
Esox. — Esox lucius L. — Brochet.
Falco. — Falco (*multae species*). — Faucon.
Fario (*Ausone*, Moselle, 130). — Trutta Fario L. — Truite.

---

(1) Dans son poème *de Mosella*, p. 35, Ausone a parlé de ce Poisson, appelé Cottos chez les Grecs.

(2) Pline (XVII, 66) rappelle que les Cicindèles, ou Étoiles volantes, s'appelaient chez les Grecs *Lampyris* : d'où il suit que par ce nom il a voulu désigner les Coléoptères phosphorescents appelés *Lucioli* en Italie (*Lampyris italica*). On sait que les entomologistes modernes appellent Cicindèles un autre genre de Coléoptères coprophages bien différent des Lampyres.

(3) *Conger* ou *Gonger* est évidemment une altération du *Gongros* des Grecs.

Felis. — Felis catus L. — Chat.
Fiber. — Castor Fiber L. (*pléonasme*). — Castor.
Ficedula. — Motacilla ficedula L. — Bec-Figue.
Ficedula. — Muscicapa atricapillata L. — Gobe-Mouche.
Formica. — Formica (*multae species*). — Fourmi.
Fulica. — Fulica atra Gmel. — Foulque.
Galerita. — Alauda cristata L. — Alouette huppée.
Galgulus ou Galbulus. — Oriolus galbula L. *(défaut d'accord)*. — Loriot.
Gallus ou Gallina. — Phasianus gallus L. — Coq et Poule.
Gavia. — Larus atricilla L. (*défaut d'accord*). — Mouette.
Gerris (*Poisson inconnu*) actuell. genre d'Hémiptères.
Glis. — Myoxus glis Gmel. — Loir.
Gobio (*Ausone*, Moselle, 132). — Gobio vulgaris L. — Goujon.
Graculus. — Corvus glandarius L. — Geai.
Graculus. — Corvus monedula L. — Choucas.
Grus. — Grus cinerea Bechst. — Grue.
Grus balearica. — Ardea virgo L. — Demoiselle de Numidie.
Gryllus. — Gryllus campestris et domesticus L. — Grillon.
Hirudo. — Hirudo medicinalis L. — Sangsue.
Hirundo. — Hirundo urbica, rustica et riparia L. — Hirondelle.
Hinnulus (*hybride du Cheval et de l'Anesse*), actuell. genre de Coléop-
    tères.
Ibex. — Capra Ibex L. — Bouquetin.
Jaculus (*Serpent inconnu*), actuell. genre de Rongeurs.
Lacerta et Lacertus (*multae species*). — Lézard.
Lampetra. — Petromyzon marinus et fluviatilis L. — Lamproie de mer
    et des fleuves.
Leo. — Felis leo L. — Lion.
Lepus. — Lepus timidus. — Lièvre.
Lepus marinus. — Lepus aplysia L.
Locusta. — Locusta (*multae species*). — Sauterelle.
Loligo. — Sepia loligo L. — Calmar.
Lucanus. — Lucanus cervus L. — Cerf-Volant.
Lucerna (*Poisson phosphorescent*), actuell. nom de Poissons Cataphractés.
Luscinia. — Motacilla luscinia L. — Rossignol.
Lucius (*Ausone*, Moselle, 122). — Esox lucius L. — Brochet.
Lupus. — Canis lupus L. — Loup.
Lupus marinus. — Parca labrax L. — Loup de mer, Bar.
Lycaon (1). — Felis jubata L. — Guépard.
Lycaon. — Hyaena picta Temm. — Hyène tachetée.
Margarita (2). — Meleagrina margaritifera L. — Perle.

---

(1) Pline (VIII, 52) parle d'un animal de l'Inde appelé *Lycaon*. Ce nom
est certainement d'origine grecque, mais nous ne pouvons savoir à quel
auteur Pline l'a emprunté.
(2) Traduction latine du grec *Margaritês*.

Meles. — Meles vulgaris L. — Blaireau.
Mergus. — Colymbus septentrionalis L. — Plongeon.
Merulus ou Merula. — Turdus merula L. (1). — Merle.
Milvus. — Milvus regalis Briss. — Milan.
Milvus marinus. — Trachinus hirundo L. — Milan de mer.
Monedula. — Corvus monedula L. (*défaut d'accord*). — Choucas.
Motacilla. — Motacilla orphea Temm. — Fauvette.
Mugil. — Mugil cephalus Cuv. Valenc. — Muge.
Mulio. — Culex pipiens L. — Cousin.
Mullus. — Mullus barbatus L. — Rouget.
Murex. — Murex brandaris L. — Pourpre.
Mus *ou mieux* Mys. — M. *multa genera*. — Rat.
M. aegyptiacus. — M. Cahirinus Geoffr. — Rat du Caire.
M. ponticus. — Dipus sagitta Pall. (*défaut d'accord*). — Gerboise.
M. araneus. — Sorex araneus Schreb. — Musaraigne *ou mieux* Mysa-
    raigne.
M. alpinus. — Arctomys alpina Blum. — Marmotte.
Musca. — *Permulta genera*. — Mouche.
Musculus (*petit Rat, Poisson de mer inconnu*).
Musmo. — Ovis ammon L. — Moufflon de Corse.
Mustela — Mustela foina L. — Fouine.
M. marina. — Gadus lota Bl. (*défaut d'accord*). — Lote.
Nabis. — Camelopardalis girafa L. — Girafe.
Nauplius. — Sepia officinalis L. — Seiche.
Nisus. — Falco rufus. — Busard.
Noctua. — Strix brachyotus Gmel. — Chevêche.
Oculata. — Oblata melanura Cuv. Valenc. — Oblade.
Olor. — Cycnus musicus Bechst. et Anas olor Gmel. — Cygne.
Orbis (*Lune de mer*). — Orthagoriscus mola L. (*défaut d'accord*). — Orbe
    ou Mole (2).
Orca (3). — Delphinus orca L. (*défaut d'accord*). — Orque.
Ossifraga. — Strix brachyotus Gmel. — Chevêche.
Ovis. — Ovis aries L. — Brebis, Mouton.
Pagrus ou Phager. — Pagrus vulgaris Cuv. Valenc. — Pagre.
Palumbus et Palumba. — Columba palumba L. — Pigeon ramier.
Papilio (4). — Papilio. — Nom commun des Papillons.
Passer. — Fringilla domestica L. — Moineau.

(1) On ne comprend pas pourquoi Linné ne disait pas de préférence
Turdus merulus afin de faire accorder le nom de genre avec celui d'espèce.

(2) Pline rapporte que, suivant Apion, le Porc de mer ou *Orbis* est un
énorme poisson que les Lacédémoniens appellent *Orthagoriscos*, parce
qu'il grogne comme un cochon quand on le prend (XXXII, 9).

(3) Altération du mot grec *Orcys*.

(4) On ne comprend pas pourquoi l'usage d'écrire papillon au lieu de
papilion s'est introduit dans la langue française.

P. marinus. — Pleuronectes platessa L. (*défaut d'accord*). — Carrelet.
Pastinaca. — Raia pastinaca L. — Pastenague.
Pavo. — Pavo cristatus L. — Paon.
Pecten. — Pecten (*multae species*). — Peigne.
Pectunculus. — Petunculus (*multae species*). — Pétoncle.
Pediculus. — Pediculus capitis Swamm. — Pou.
Perna. — Pinna (*multae species*). — Pinne de mer.
Pica. — Pica melanoleuca Vieillot. — Pie.
Picus. — Picus martius L. — Pic noir.
Porcus. — Sus scropha L. — Porc.
P. (*Poisson*). — Orbe ou Meule.
Purpura (1). — Murex brandaris. — Mollusque de la pourpre.
Platea. — Pelecanus onocrotalus L. — Pélican.
Pulex. — Pulex irritans L. — Puce.
Raia. — Raia (*multae species*). — Raie.
Rana. — Rana viridis L. — Grenouille.
R. piscatoria. — Lophius piscatorius L. — Baudroie.
Ricinus. — Acarus ricinus L. — Ixode ricin.
Rupicapra. — Antilope rupicarpa L. — Chamois.
Rusticula. — Rusticola vulgaris Vieill. — Bécasse.
Salar. — Salar Ausonii Valenc. — Truite.
Salmo (2). — Salmo salar L. — Saumon.
Sarda. — Clupea sardina Cuv. — Sardine.
Scarabaeus (3). — *Multa genera Coleopterorum.* — Scarabée.
Scorpaena (*Poisson indéterminé*), *actuell.* Scorpaena Scropha L.
Serra. — Squalus pristis L. (*défaut d'accord*). — Scie.
Simius. — *Multa genera.* — Singe.
Solea. — Pleuronectes solea L. (*défaut d'accord*). — Sole.
Sorex. — Mus musculus L. (4). — Souris.
Spinturnis (5) (*Oiseau inconnu*).
Squatina ou Squalus (6). — Squatina laevis Cuv. — Ange de mer.

(1) Altération du mot grec *Porphyra*.

(2) Il ne semble pas que les Grecs aient connu le Saumon. Pline dit qu'il vivait dans les rivières de l'Aquitaine, c'est-à-dire dans la Garonne et l'Adour (IX, 32). — Dans son poème *de Mosella*, Ausone a donné une description du Saumon ; il parle ensuite de la Truite qu'il appelle *Salar (97)*.

(3) *Scarabaeus* est une altération du mot grec *Scarabos* par lequel on désignait plusieurs genres de Coléoptères, entre autres le Cerf-Volant, le Bousier et le Grillon (Pline XI, 34).

(4) Pourquoi au lieu de cette expression redondante, ne dirait-on pas *Mus minimus*, ou mieux encore *Mys minima ?*

(5) Altération du mot grec *Spintharis* par lequel on désignait un oiseau inconnu ; a été appliqué par les modernes à un *Acarus* nommé par Léon Dufour *Pterotus vespertilionis*.

(6) L'Ange de mer était appelé *Riné* par les Grecs.

Squilla. — Squilla mantis L. — Squille.
Stellio. — Lacerta mauritanica Gmel. — Gecko, Chamaeléon.
Sturnus. — Sturnus vulgaris L. — Étourneau.
Sus *ou mieux* Sys. — Sus scropha L. — Sanglier et Porc.
Tabanus. — Tabanus (*multae species*). — Taon.
Talpa. — Talpa europaea L. — Taupe.
Testudo. — Testudo graeca L. — Tortue.
Tinca (*Ausone*, Moselle, 125). — Cyprinus tinca L. (*défaut d'accord*). — Tanche.
Tinea. — Tinea pellionella, sarcitella, granella L. — Teigne.
Tinnunculus. — Falco tinnunculus L. — Crécerelle.
Torpedo. — Torpedo narce Risso. — Torpille.
Turbo. — Pleuronectes maximus L. — Turbot.
Turdus. — Turdus musicus L. — Grive.
Tursio. — Phocaena communis Cuv. — Marsouin.
Turtur. — Columba turtur L. — Tourterelle.
Ulula. — Strix *ou mieux* Strinx aluco L. — Hulotte.
Umbra. — Umbrina vulgaris Cuv. Valenc. — Ombrine.
Upupa. — Upupa epops L. (*pléonasme*). — Huppe.
Unio. — Unio (*multae species*). — Mulette nacrée.
Ursus. — Ursus arctos L. (*pléonasme*). — Ours.
Urus (1). — Bos urus Gmel. — Aurochs.
Urtica. — Medusa (*multae species*). — Méduse.
Vespa. — Vespa vulgaris L. — Guêpe.
Vipio (2). — Ardea virgo L. — Demoiselle de Numidie.
Vipera. — Coluber berus L. — Vipère.
Vespertilio. — Vespertilio serotinus Daub. — Chauve-Souris.
Viverra. — Mustela furo L. — Furet.
Vulpes. — Canis vulpes L. — Renard.
Vultur. — Vultur cinereus Gmel. *et ceterae species*. — Vautour.

Anciens noms latins qu'on n'a pas conservés dans la Nomenclature moderne.

Alabeta, *an* Gadus lota L.?
Cornix. — Corvus coronê L. — Corneille.
Crota (*Zoophyte inconnu*).
Fucus. — Bombus. — Bourdon et aussi mâle de l'Abeille.
Immusulus (*espèce de Vautour*).
Leocrocota (*hybride supposé du Lion et de l'Hyène*).
Platanista (*Poisson inconnu*).
Redo (*Ausone*, Moselle, 89). — Cobitis taenia L. — Loche de rivière.

(1) *Urus* paraît être une traduction latine du mot germanique *Aurochs*.
(2) Nom transporté par les modernes à un genre d'Hyménoptères.

Rufius ou Chaus. — Felis caracal L. — Loup-Cervier.
Sanqualis. — Strix (*ou mieux* Strinx) flammea L. — Effraie.
Uva (*Poisson de mer inconnu*).
Veneria (*Conque de Vénus*).
Vitulus (*Veau*). — Phoca vitulina L. — Phoque (1).

(1) Il est fort curieux, au point de vue de l'histoire des sciences, de constater que la classification zoologique en usage chez les naturalistes du milieu du XVI° siècle était, sur plusieurs points, plus arriérée que celle d'Aristote. En effet Belon et Rondelet, dont les travaux exercèrent une grande influence sur le réveil des sciences naturelles, n'ont pas hésité à ranger parmi les Poissons, non seulement les animaux qui portent actuellement ce nom, mais encore le Phoque, la Baleine et autres Cétacés, puis les Mollusques Céphalopodes, les Orties de mer, les Mollusques univalves, bivalves et enroulés, et enfin les Crustacés, les Astéries, Holothuries et Eponges. De sorte que, dans leurs ouvrages, le mot *poisson* a perdu la signification taxinomique que lui avait donnée Aristote, et devient synonyme d'animal aquatique, ou même d'amphibie lorsqu'il s'agit du Phoque.

Cette erreur est d'autant plus inconcevable que Belon et Rondelet connaissaient parfaitement les écrits des naturalistes de l'Antiquité et auraient dû se souvenir de la classification ainsi établie par le plus ancien et le plus illustre d'entre eux : 1° Quadrupèdes vivipares et ovipares ; 2° Oiseaux ; 3° Cétacés ; 4° Poissons ; 5° Serpents (ces cinq divisions formant le groupe des animaux à sang rouge ou Enaemes) ; — 6° Ostracoderma (Mollusques à coquilles) ; 7° Malacia (Mollusques Céphalopodes, Seiche, Calmar, Poulpe en grec *Polypous*) ; 8° Malacostraca (Crustacés) ; 9° Insectes (les quatre dernières divisions constituant le groupe des Anaemes, dépourvus de sang rouge).

Ils auraient dû aussi ne pas oublier qu'Aristote avait insisté d'une manière toute particulière sur la différence qui existe entre les Cétacés, vivipares, mammifères, à respiration pulmonaire — et les Poissons tous ovipares, pourvus de branchies, de nageoires, d'un tégument écailleux et d'organes génitaux internes (*Hist. anim.*, I, 6 et II, 9).

Enfin en ce qui concerne le Phoque, ils devaient savoir qu'Aristote s'est, en quelque sorte, excusé de l'avoir cité à la suite des Poissons dont il diffère complètement sous le rapport zoologique : « Si je parle présentement du Phoque, c'est parce que ce quadrupède imparfait (II, 1), amphibie, vivipare et mammifère, respirant à l'aide de poumons, passe la plus grande partie de son existence dans l'eau (VI, 11) ».

Ajoutons, en terminant, que Gesner et Aldrovandi, restés fidèles à la tradition aristotélique, ont eu soin de maintenir les divisions établies par le naturaliste grec dans la classification des animaux aquatiques.

APPENDICE

Nomenclature zoologique moderne.

Dans le cours du XVIIIe siècle, deux grandes révolutions ont profondément bouleversé les sciences naturelles et chimiques et exercé sur leur développement la plus heureuse influence. La première fut la réforme du langage botanique et zoologique par Linné ; la seconde, non moins importante, fut l'œuvre de Lavoisier et de ses vaillants collaborateurs Guyton de Morveau, Fourcroy et Berthollet. Le succès rapide obtenu par le naturaliste suédois et par les chimistes français démontre amplement que la routine n'est pas invincible, comme d'aucuns se plaisent à le répéter. Par conséquent, et puisque le perfectionnement du langage est une des conditions du progrès des sciences, il y a lieu d'espérer que nos contemporains ne seront pas plus rebelles aux innovations utiles que ne l'ont été leurs devanciers. Mais en pareille matière, il importe de savoir qu'il ne suffit pas d'accorder une adhésion tacite aux réformes reconnues légitimes, et que pour les faire réussir, il faut les propager par la parole et surtout par l'exemple.

Au surplus, il ne s'agit pas actuellement de faire table rase des anciens noms, mais seulement de continuer l'œuvre du grand Linné, en appliquant strictement les principes exposés dans la *Philosophia botanica*, et en y ajoutant quelques règles destinées à donner à la nomenclature des êtres vivants la correction et l'homogénéité qui lui manquent.

Nous croyons pouvoir affirmer que si l'illustre auteur du *Systema naturæ* avait prévu que sa nomenclature obtiendrait l'assentiment rapide et unanime des botanistes et des zoologistes, il n'aurait pas, de peur d'apporter une perturbation trop profonde dans les usages adoptés avant lui :

Conservé, sous forme d'apposition, des noms spécifiques en désaccord grammatical avec les noms génériques correspondants ;

Employé abusivement un grand nombre de pléonasmes inutiles ;

Maintenu des mots gréco-latins dont il connaissait si bien l'hybridité vicieuse ;

Négligé d'appliquer rigoureusement le principe en vertu duquel l'épithète spécifique doit exprimer un des caractères différentiels de l'espèce ;

Omis l'établissement de règles en ce qui concerne les désinences des noms tant génériques que spécifiques.

Ne voulant pas répéter ici les considérations déjà présentées dans nos deux opuscules sur la nomenclature botanique, nous nous bornerons à citer quelques exemples des principaux vices de la nomenclature zoologique, laissant à l'intelligence du lecteur le soin d'étendre l'application des principes exposés.

Règles de la transcription des mots grecs en caractères romains.

ai contracté en   *œ* : Ægoceros, Hæmatobion, Tænia.

ei   —   *i* : Chilopogon, Chiromys, Liocnemis.

oi   —   *œ* : Chœropithecos, Cœlogaster, Pœcilosoma.

ou   —   *u* : Æluros, Polypus, Urocentron.

Ne pas écrire	*Écrire correctement*
cainotherion	caenotherion
cheirolepis	chirolepis
cleistotoma	clistotoma
deinopsis	dinopsis
leiodeira	liodira (1).

(1) Contrairement à l'usage adopté par la plupart des entomologistes,

Il est regrettable qu'on n'ait pas admis une notation différente pour la transcription latine de l'ε et de l'η, soit *e* et *é*, de même que pour celle des lettres ο et ω, soit *o* et *ô*, afin qu'on sache de suite si l'on doit prononcer brièvement ou longuement les voyelles *e* et *o*. Une telle accentuation aurait en outre présenté l'avantage de faire distinguer immédiatement les substantifs neutres comme Hipparion, Dinotherion, des substantifs masculins composés des mots pôgôn, gerôn, odôn, gitôn (geitôn), chitôn, siphôn, leôn, stemôn, crotôn, etc.

Dans le milieu d'un mot *y* remplace υ :

Amblys (obtus), barys (lourd), bathys (profond), brachys (court), chrysos (or), cryptos (caché), cyclos (cercle), cyanos (bleu), dactylos (doigt), dasys (hérissé), dorys (lance), dys (difficile), dyticos (plongeur), eurys (large), gyne (femme), gymnos (nu), hybos (bossu), mys (rat), nyx (nuit), onyx (ongle), oryctes (qui creuse), oxys (aigu), pachys (épais), platys (large), phyllon (feuille), phyton (plante), pteryx (aile), porphyrous (rosé), pyr (feu), syn (avec), xylon (bois), etc.

Ne pas écrire	*Écrire correctement*
argyropeleccus	argyropelecys
geotrupes	geotrypes
xylotrupes	xylotrypes
oxigrapha	oxygrapha.

Les mots commençant par une voyelle marquée en grec de l'esprit rude, prennent un *h* initial; exemples, les mots composés de :

Habros et hapalos (délicat), hadros (fort), hæma (sang), hals (sel), haplos (simple), helios (soleil), helicos *et* helictos (enroulé), helminx (ver), helôdes (marécageux), hemera (jour), hemi (demi), herpetos *et* herpestes (rampant), heteros (diffé-

tous les noms composés de *deira* (cou) doivent recevoir la contraction *dira*. Le substantif *derê* (cou) sera au contraire conservé tel quel.

rent), himas (courroie), hippos (cheval), holos (tout), homos *et* homoios (pareil), hoplon (arme), hyalos (transparent), hydôr (eau), hygros (humide), hylê (bois), hymen (membrane), hyper (au-dessus), hypo (au-dessous), hypsos (élevé), etc.

Ne pas écrire	*Écrire correctement*
abrostoma	habrostoma
apaloderma	hapaloderma
aplodon	haplodon
elodes	helodes
omalonyx	homalonyx
oplotherion	hoplotherion.

Les mots commençant par un *r* marqué en grec de l'esprit rude prennent les deux lettres initiales *rh*, tels sont :

Rhabdos (baguette), rhachis (épine du dos), rhacos (lambeau), rhagas (fente), rhamphis (hache), rhamphos (bec d'oiseau), rhaphis (aiguille), rhin (nez), rhipis (éventail), rhiza (racine), rhodon (rose), rhombos (rhombique), rhopalon (massue), rhynchos (bec), rhyparos (sale), rhyssos (ridé), rhytis (ride).

Ne pas écrire	*Écrire correctement*
rabdophoros	rhabdophoron
rachidion	rhachidion
ramphocele	rhamphocele
ragonycha	rhagonycha
raphidorhynchos	rhaphidorhynchos.

ph remplace φ : phasianos, phalangion.

th — θ : thinnos, thrissa.

ch — χ : chalcis, charis, rhynchostoma (1).

---

(1) Conformément à cette règle de transcription adoptée par les anciens auteurs romains, on écrivait jusqu'à ces dernières années : *diphthongue*, *phthisie*, *autochthone*. L'Académie, jugeant superflu d'avoir consécutivement dans un même mot deux consonnes aspirées, supprime le second *h*, et veut qu'on écrive *diphtongue*, *phtisie*, *autochtone*.

Nous osons dire que l'économie d'une lettre n'ajoutera rien aux richesses intellectuelles de l'humanité, et nous craignons fort que, s'avançant de plus en plus dans cette voie funeste de la suppression des lettres *inutiles*, on arrive à adopter la cacographie italienne *(teatro, filosofia)*, puis finale-

c remplace κ : camelopardalis, centrogaster.

nc   —   γκ : ancyloceras, onconotos.

nch —   γχ : enchelys, cenchris.

ng   —   γγ : engraulis, gongylos.

La lettre k n'existant pas dans la langue latine, c'est à tort que quelques auteurs ont écrit :

kentropyx	au lieu de	centropyx
keratophyton	—	ceratophyton
kerodon	—	cerodon
kinosternon	—	cinosternon
koleoceras	—	coleoceras
kymatophora	—	cymatophoron (1).

Formation des mots composés.

Dans un mot composé l'attribut est placé le premier, tandis que le substantif principal ou l'adjectif tenant la place de substantif est mis le dernier (2) :

Polypous (beaucoup de pieds).   Silvicola (forêt-habite).

Actinolepis (rayonnée-écaille)   Rupicapra (de rocher-chèvre).

Brachypteryx (courte-aile).   Corniger (corne-porte).

Ceratodon (cornée-dent).   Celeripes (rapide-pied).

Odontostoma (dentée-bouche)   Multiceps (beaucoup de têtes).

Ornithorhynchos (d'oiseau-   Caprimulgus (chèvre-tette).
   bec).   Capricornus (de chèvre-corne)

Muscivora (mouche-dévore).

ment l'écriture phonétique prônée autrefois par les partisans de la *sénplification du francê*. De deux choses l'une, ou n'employez jamais les mots grecs, ou bien si vous daignez en faire usage, maintenez-les intacts afin qu'on puisse toujours remonter facilement aux étymologies.

(1) La même faute se retrouve dans quelques mots du langage chirurgical, comme, par exemple dans kératotomie au lieu de cératotomie, kélotomie pour célotomie, kyste à la place de cyste.

(2) Les Grecs semblent avoir dérogé à cette règle dans les mots *philanthrôpia, Philippos* construits en sens inverse de celui de *theophilos ;* mais il importe de remarquer que ce dernier mot signifie, non pas *qui aime Dieu*, mais bien aimé de Dieu.

Ne pas écrire	*Écrire correctement*
arthromalos	homalarthron (égale-articulation)
cephalophis	ophiocephale (de serpent-tête)
ortyxelos	helortyx (de marais-caille)
phorophylla	phyllophoron (feuille-porte)
pomoxys	oxypoma (aigu-opercule)
ptilopachys	pachyptilon (épaisse plume)
rhinomacer	macrorrhis (grand-nez)
trogophloios	phloeotrogon (écorce-ronge).

Les exemples précédents montrent que dans les noms latins composés, le premier radical est uni au second par la lettre *i*, tandis que dans les noms grecs la liaison a lieu par la lettre *o*, sauf dans quelques cas assez rares, comme dans *nycticorax*, par exemple. Conséquemment les zoologistes et botanistes modernes ont violé une règle essentielle de la langue latine lorsqu'ils ont maintenu la désinence *æ* du génitif des noms féminins terminés en *a* au nominatif. Ils ont oublié que les Romains ne disaient pas *capræcornus* (de chèvre-corne), ni *capræficus* (de chèvre-figuier), mais bien capricornus et caprificus, tout comme ils disaient multifidus, latifolius, unicolor, parvicollis, breviloquus, fluctivagus, alticomus, barbiger, baccifer, herbifer, penniger, armiger, spiniger, cornifrons, terricola, monticola, terrigena, fratricida, matricida, caniformis, etc.

Ne pas écrire	*Écrire correctement*
acanthagenys	acanthogenys
agriphilos	agrophilon
cordylegaster	cordylogaster
thecadactylos	thecodactylos
chlorisoma	chlorosoma
dericorys	derocorys
helicigona	helicogona
limnephila	limnophilon
loriceras	loroceras
phymatisoma	phymatosoma
squamolumbricus	squamilumbricus.

Dans un mot grec composé d'un premier substantif servant d'attribut, celui-ci prend la forme du génitif dont on supprime la lettre finale.

Ægoceros (Ægos gén. de Aïx).
Androglossa (andros — anêr).
Ctenodon (ctenos — cteis).
Cynomyia (cynos — cyôn).
Elephantopus (elephantos — elephas).
Onychodactylos (onychos — onyx).
Ornithorhynchos (ornithos — ornis.
Odontopleura (odontos — odous).
Pholidoscelis (pholidos — pholis).

Podocystis (podos — pous).
Pogonostoma (pôgônos — pôgôn).
Solenopteron (solênos — solên).
Siphonophoron (siphonos — siphôn).
Sphenognathos (sphênos — sphên).
Trichoderma (trichos-thrix).
Tropidopeltis (tropidos — tropis).

Ne pas écrire	*Ecrire correctement*
aspisoma	aspidosoma
cerasoma	ceratosoma
hammacerus	hammatoceras
myrmeleon	myrmecoleon
nemapogon	nematopogon
rhaphirhynchos	rhaphidorhynchos
siphostoma	siphonostoma
spermozoon	spermatozoon
stomapoda	stomatopoda
tropicoris.	tropidocoris.

Élision de la voyelle finale, des prépositions et des adjectifs.

Le plus souvent dans les mots composés on supprime les finales *a, i* et *os* des prépositions et adjectifs unis à un substantif commençant par une voyelle, comme on le voit dans les noms suivants composés des prépositions *epi, cata, hypo* et des adjectifs *heteros, isos, macros, melas, mesos, micros, monos,* etc.

(1) Par exception on trouve dans les auteurs grecs *spermogonos, spermophoros, spermophagos, spermologos* ainsi que *spermatologos,* et aussi *haemapôtês* forme rare pour *haematopôtês* beaucoup plus usité.

Cataulax, epagôgê, epaphroditos, ephedra, ephydrias, epô-
mis, hypacantha, hyphydros, heteraspis, isêmeros, macraspis,
macrauchên, melanthion, mesomphalos, microphthalmos,
mononyx.

Habituellement on fait aussi l'élision de la finale des substantifs ; c'est ainsi que les Grecs écrivaient *Hipparchos* et
non Hipposarchos, *hippiatros* et non hipposiatros.

Parmi les exceptions à cette règle, on peut citer les composés de *hemi*, comme hemionos, hemiaëtos, puis tous les
adjectifs terminés en *us* (*ys* en latin), tels sont brachys, hedys,
pachys, polys, trachys. On doit aussi dire sans élision :
brachyonyx, hedyosmon, oxyuros, pachyonyx, polyodon,
tachyoryctes.

Il en est de même lorsque le premier mot est un substantif grec terminé en *u*, (y en latin), comme doryaspis.

Noms vicieux par association d'un radical grec à un radical
latin.

acantholabrus	*pour*	acanthochilos
arenocoris	—	ammocoris
anseropoda	—	chenopoda
ampullacera	—	physoceras
biphyllon	—	diphyllon
biphylloceras	—	diphylloceras
cephaloculus	—	cephalomma
clavicera	—	rhopaloceras
cirropteron	—	bostrychopteron
cirroteuthis	—	bostrychoteuthis
cubicodon	—	cybicodon
cynofelis	—	cynaeluros
ficophagus	—	sycophagon
gemmatophora	—	margaritophoron
gymnocorvus	—	gymnocorax
heliofugus	—	heliophobon
lophofera	—	lophophoron
musciphagus	—	muscivorus
monoculus	—	monophthalmos
psammocola	—	arenicola ou psammites

pyrrhalauda	*pour* pyrrhocorydallis	
pseudobufo	—	pseudophryne
pseudocervus	—	pseudelaphos
pseudoluscinia	—	pseudaëdon
rhinoclavis	—	rhinoclis
venericardia	—	aphroditocardia.

Noms vicieux par pléonasme.

Linné n'a pas compris que le pléonasme étant toujours inutile dans la nomenclature des êtres vivants devient un défaut intolérable. A quoi bon employer pour nommer un animal ou une plante deux noms qui ont exactement le même sens, et dire, par exemple : Bos Taurus (bœuf-taureau), Castor Fiber (Castor-Castor), Ceratoceras (de corne-corne), Cervus Elaphus (cerf-cerf), Cervus Corax (corbeau-corbeau), Equus Caballus (cheval-cheval), Mus Musculus (rat-petit rat), Myrmecoleon formicarius (fourmi-lion de fourmi), Pedipes (de pied-pied), Scomber Scombrus (maquereau-maquereau), Sus Scropha (cochon-truie), Tetrao Tetrax (coq de bruyère-coq de bruyère), Torpedo Narce (torpille-torpille), Upupa Epops (huppe-huppe), Ursus Arctos (ours-ours), Xiphias Gladius (glaive-glaive).

Les hommes de goût seront certainement surpris qu'on ait pu répéter pendant cent cinquante ans des expressions aussi ridiculement redondantes.

Noms de genre tirés d'un nom d'homme.

Pour former les noms de genre au moyen d'un nom d'homme, on les traduit en latin, puis on remplace la terminaison *us* par *a* et la terminaison *ius* par *ia*.

Aristote	— Aristoteles	— Aristotelia
Ausone	— Ausonius	— Ausonia
de Blainville	— Blainvillius	— Blainvillia (1)

(1) La particule *de* ne s'exprime pas en latin, sauf dans le cas où elle n'est pas séparée du nom, comme dans Deleuze (*Deleuzia*), Dejean (*Dejeania*).

Blondel — Blondellius — Blondellia
Boisduval — Boisduvallius — Boisduvallia
Cuming — Cumingius — Cumingia
Cook — Cookius — Cookia
Dalmann — Dalmannius — Dalmannia
Dejean — Dejeanius — Dejeania
Dufour — Dufourius —· Dufouria
Dumeril — Dumerillus — *Dumerilla*
Fabricius — Fabricius — Fabricia
Faujas — Faujasius — Faujasia
Gravenhorst — Gravenhorstus — *Gravenhorsta*
Lefébure — Lefeburius — Lefeburia (1)
Linden — Lindenius — Lindenia
Latreille — Latreillius — Latreillia
Leach — Leachius — Leachia
Meckel — Meckelius — Meckelia
Meigen — Meigenius — Meigenia
Nicolet — Nicoletius — Nicoletia
Oken — Okenius — Okenia
Pallas — Pallasius — Pallasia
Rathke — Rathkius — Rathkia
Roesel — Roesellius — Roesellia
Sedvick — Sedwickius — Sedwickia
Sturm — Sturmius — Sturmia
Tiedemann — Tiedemannius — Tiedemannia
Walckenaer — Walckenaerus — Walckenaera
Wiedemann — Wiedemannius — Wiedemannia

———————

Bonnet — Bonnetus — Bonneta (2)
Cuvier — Cuvierus — Cuviera
Ernest — Ernestus — Ernesta.

(1) Il importe de savoir que la finale *e* des mots français, anglais, et hollandais disparaît dans la traduction latine pour être remplacée par la désinence *ius*. C'est ainsi que les noms des illustres naturalistes de Saussure et de Candolle doivent être traduits par *Saussurius* et *Candollius*, d'où *Saussuria* et *Candollia*. — Leske, *Leskius, Leskia*. — Boerhaave, *Boerhaavius, Boerhaavia*.

La permutation des voyelles finales *i* et *o* des mots italiens a lieu aussi en *us* ou *ius* suivant les cas, d'où les désinences *a* ou *ia* pour les noms de genre *Imperata, Aldrovanda, Cortusa, Malpighia* dédiés à Imperato, Aldrovandi, Cortusi, Malpighi.

(2) Ce nom et les suivants ont reçu à tort la désinence *ia*.

Ferdinand	— Ferdinandus	— Ferdinanda
Gaillardot	— Gaillardotus	— Gaillardota
Germar	— Germarus	— Germara
Gesner	— Gesnerus	— Gesnera
Godart	— Godartus	— Godarta
Macquart	— Macquartus	— Macquarta
Martin	— Martinus	— Martina
Muller	— Mullerus	— Mullera
Munster	— Munsterus	— Munstera
Olivier	— Olivierus	— Oliviera
Raymond	— Raymondus	— Raymonda
Richard	— Richardus	— Richarda
Siebold	— Sieboldus	— Siebolda
Wagner	— Wagnerus	— Wagnera

La désinence des noms de genre et d'espèce doit être assujettie à des règles fixes.

Il est fort surprenant que ni Linné, ni Fabricius, ni de Candolle, Agassiz et Hermannsen, non plus qu'aucun des naturalistes qui se sont réunis à Manchester, à Dresde, à Paris et à Bologne dans le but de légiférer sur la nomenclature des êtres vivants n'ait songé à établir des règles précises relativement à la désinence des noms génériques et spécifiques. Aussi constatons-nous le plus grand désordre dans cette partie du langage botanique et zoologique. C'est ainsi que le même radical *ceras* (corne) a reçu plusieurs formes, d'abord *Ancyloceras* et *Buceros* qui sont légitimes puisqu'elles ont été en usage chez les anciens Grecs, puis *Isocerus, Elaphocera,* et *Centrocerum.* — En ce qui concerne le radical *stoma* (bouche), nous trouvons, outre les formes normales *Ctenosoma* et *Megalostomis,* les variantes *Amblystomus, Trigonostomum.* Pareille discordance existe à l'égard d'une multitude d'autres radicaux helléniques qui ont été, tantôt conservés intacts, tantôt latinisés en *us, a, um,* alors qu'il était si simple de les maintenir tels qu'ils existent dans la langue grecque, ainsi qu'on l'a fait avec raison pour les noms cités, à titre d'exemple et de modèle, dans la liste suivante.

*Noms génériques composés de deux radicaux grecs dont le
dernier est masculin.*

Chelidôn (hirondelle). — Actochelidon, Dendrochelidon.

Chitôn (tunique). — Acanthochiton, Haplochiton, Chalco-
chiton, Sclerochiton.

Cyôn (chien). — Amphicyon, Arctocyon, Chrysocyon, Hydro-
cyon, Ictidocyon.

Odôn *forme dorienne de* Odous (dent). — Amblyodon, Cam-
pylodon, Cynodon, Haplodon, Mastodon.

Pogôn (barbe). — Amphipogon, Ceratopogon, Dasypogon,
Leptopogon. Psilopogon.

Priôn (scie). — Aprion, Catoprion, Diprion, Hypoprion,
Polyprion.

Siphôn (tube). — Rhinosiphon, Tetrasiphon.

Odous, *contraction* Odus (dent). — Anodus, Ganodus, Ho-
lodus, Lamnodus, Pycnodus, Stenodus.

Pous, *contraction* Pus (pied). — Acanthopus, Anisopus, Bra-
chypus, Centropus, Trichopus.

Mys (rat). — Arctomys, Cynomys, Chloromys, Lagomys,
Rhinomys, Saccomys.

Onyx (ongle). — Acanthonyx, Anisonyx, Leptonyx, Platy-
onyx, Trionyx.

Plêx (aiguillon). — Dendroplex, Hexaplex, Polyplex.

Corax (corbeau). — Cyanocorax, Nycticorax, Phalocrocorax,
Hydrocorax.

Phylax (gardien). — Alsophylax, Dryophylax, Hydrophylax,
Pelophylax, Pediophylax.

Thôrax (poitrine). — Acanthothorax, Bothriothorax, Haplo-
thorax, Hybothorax, Schizothorax.

Solên (tube). — Psammosolen, Microsolen.

Astêr (étoile). — Clypeaster, Echinaster, Pentagonaster,
Schizaster.

Asterias (étoile de mer). — Palmasterias, Pentasterias, Platy-
asterias.

A part les noms composés de arctos (ours), comme Helarc-
tos, et de aëtos, comme Gypaëtos, Haliaëtos, puis quelques
autres tels que Acolpos, Callinotos, Circomphalos, Herpe-
tolithos, Hipposideros, Monolopos, Oreamnos, Polyclados,
Polylopos, Pleurosicyos, Pterocyclos, la plupart des noms
d'animaux créés par les zoologistes modernes au moyen de
deux radicaux grecs dont le dernier a la terminaison *os* ont
été, sans motif plausible, latinisés en *us*, *a*, *um*. Il serait
trop long d'énumérer les centaines d'adjectifs et de substantifs terminés en *os* dont on a capricieusement changé la
désinence. A titre d'exemple nous nous bornerons à citer
les substantifs : blepharos, bolos, ceramos, chrôs et chrus,
coccos, conos, cotylos, cyclos, dactylos, desmos, discos, desmos, lithos, lobos, lophos, meros, notos, omos, omphalos,
ophthalmos, phloios, pithecos, proctos, stephanos, stichos,
stylos, tarsos, thyreos, trachelos, tragos, xiphos.

La répulsion des naturalistes pour la terminaison *os* des
substantifs et des adjectifs grecs est d'autant plus inexpli-
cable qu'on a conservé sans hésitation plus de 500 autres
adjectifs et substantifs ayant les terminaisons helléniques
ês, *ôn*, *on*, *as*, *ax*, *ôr*, *êr*, *ên*, *ys* et *is*, et dont la liste est trop
longue pour que nous puissions la reproduire ici. Nous avons
expliqué ailleurs que sur 524 noms génériques employés par
les botanistes grecs et retenus par les modernes, 230 ont été
conservés sans altération, tandis que 294 ont été affublés de
désinences latines. En faisant le compte des noms génériques
d'animaux de l'ancienne Nomenclature grecque qui ont sub-
sisté dans celle dont nous nous servons actuellement, nous
constatons que sur 565 noms énumérés ci-dessus, 364 ont
été maintenus intacts, soit 64,4 sur cent, et 201 ont été mo-
difiés dans leur terminaison. Pour les noms génériques de

création moderne la proportion est inverse, c'est-à-dire que les noms à désinence hellénique conservée sont au nombre de 35 sur cent.

De cette constatation résultent deux conséquences : la première, c'est qu'il importe de mettre fin à une telle anarchie en établissant des règles fixes en ce qui concerne les désinences des noms de plantes et d'animaux ; la seconde, c'est qu'il est inexact de soutenir, comme l'ont fait plusieurs des législateurs dont nous parlerons plus loin, que la Nomenclature des êtres organisés est *en langue latine*. Cette erreur nous paraît venir d'une fausse interprétation de l'aphorisme de Linné : *nomina generica graeca latinis litteris pingenda sunt*, phrase qui signifie que les noms génériques grecs doivent être écrits en *caractères romains*. — Sur ce point il y a unanimité complète, et il n'est personne qui demande qu'on écrive μαστόδον, ἀγκυλόκερας, mais bien *mastodon, ancyloceras*.

Donc, en laissant de côté les mots empruntés à tort aux langues barbares, les noms génériques sont *grecs ou latins*.

Cette vérité ressortira encore de l'énumération des noms génériques féminins et neutres faite dans les pages suivantes. Quant à la question de savoir si ces divers mots, et des milliers d'autres transmis par les anciens Grecs ou créés par les zoologistes modernes, sont étrangers à la langue latine, nous pensons que ce serait faire injure à nos lecteurs que de la discuter, et qu'il est inutile de démontrer que *ophis* est un mot grec, et *serpens* un mot latin !

Noms génériques composés de deux radicaux grecs dont le dernier est féminin.

Acantha (épine). — Didymacantha, Gynacantha, Hexacantha, Heteracantha, Odontacantha, Ophiacantha.

Bdella (sangsue). — Geobdella, Hypobdella, Iatrobdella, Ichthyobdella.

Cara (tête). — Coenocara, Oxycara, Stenocara, Tribolocara.

Cardia (cœur). — Anomalocardia, Hemicardia, Isocardia.

Chara (joie). — Agaricochara, Aleochara, Bolitochara.

Chlaena (manteau). — Phaeochlaena, Philochlaena.

Chroa (couleur). — Callichroa, Chrysochroa, Heterochroa, Homochroa, Monochroa, Pyrochroa, Xanthochroa.

Deira, *contraction* Dira (cou). — Ctenodira, Ptychodira, Leptodira, Lophodira, Microdira.

Glossa (langue). — Aglossa, Brachyglossa, Centroglossa, Macroglossa, Psaroglossa.

Gonia (angle). — Hexagonia, Oxygonia, Phalangogonia, Polygonia.

Hemera (jour). — Nyctemera.

Metra (ventre). — Actinometra, Echinometra, Hydrometra, Ortigometra.

Mitra (mitre). — Echinomitra, Hemimitra.

Myia (mouche). — Cynomyia, Homalomyia, Platymyia, Solenomyia, Rhamphomyia, Tettigomyia.

Neura (corde). — Acanthoneura, Cyrtoneura, Macroneura, Polyneura.

Oura *contraction* Ura (queue). — Actinura, Erythrura, Gymnura, Heterura, Megalura, Xiphonura.

Peza (pied). — Ischnopeza, Macropeza, Micropeza, Pachypeza, Platypeza, Tanypeza.

Pleura (côté). — Amphipleura, Goniopleura, Oxypleura, Piezopleura, Ptychopleura.

Physa (gonflement). — Anisophysa, Diphysa, Gastrophysa, Polyphysa, Rhizophysa.

Rhiza (racine). — Actinorrhiza, Hyporrhiza, Lamprorrhiza, Pterorrhiza.

Saura (lézard). — Acanthosaura, Cercosaura, Calosaura, Ctenosaura, Tropidosaura.

Seira, *contraction* Sira (chaîne). — Hyalosira, Melosira, Podosira, Sphaerosira.

Speira *contraction* Spira (Spire). — Aspidospira, Coscino-
spira, Leptospira, Macrospira.

Taenia (ruban). — Calotaenia.

Calpê (urne). — Calocalpe, Coenocalpe.

Campê (chenille). — Hydrocampe, Lithocampe.

Campê (pli). — Tetracampe.

Chelonê (tortue). — Geochelone.

Corynê (massue). — Trichocoryne.

Cotylê (écuelle).— Cyclocotyle, Eurycotyle, Hexacotyle, Hec-
tocotyle.

Corê (jeune fille). — Callicore.

Galê (belette). — Arctogale, Cynogale, Echinogale, Hylogale,
Hydrogale, Petrogale, Phascogale.

Gynê (femme). — Hylogyne.

Phrynê (crapaud).— Calophryne, Chilophryne, Gastrophryne.

Plocê (entrelacement). — Argyroploce, Omphaloploce.

Pygê (fesse). — Aulopyge, Megalopyge, Odontopyge, Pyr-
rhopyge.

Stegê (toit). — Callistege, Lithostege, Schistostege.

Actis (rayon). — Decactis, Heliactis, Haploactis, Heptactis,
Tetractis, Trisactis.

Aspis (bouclier). — Acanthaspis, Diaspis, Odontaspis, Platy-
aspis, Porphyraspis, Trigonaspis.

Basis (base). — Acrobasis, Blastobasis, Diabasis.

Blepharis (cil). — Ablepharis, Dioptroblepharis, Eublepharis,
Microblepharis.

Charis (grâce). — Anthocharis, Dendrocharis, Hemerocharis,
Hylocharis, Limnocharis, Nyctocharis.

Chlamys (tunique). — Brachychlamys, Pholidochlamys,
Pseudochlamys, Tanychlamys.

Chelys (tortue). — Cimochelys, Dermochelys, Lepidochelys,
Saurochelys, Thalassochelys.

Cidaris (diadème) — Acrocidaris, Echinocidaris, Hemici-
daris.

Coris (punaise). — Acanthocoris, Acinocoris, Anthocoris, Geocoris, Rhynchocoris, Xylocoris.

Corys (casque). — Chrysocorys, Echinocorys, Orthocorys.

Cnemis (jambart). — Eucnemis, Hemicnemis, Hoplocnemis, Liocnemis, Ophiocnemis, Podocnemis.

Cystis (vessie). — Acephalocystis, Microcystis, Podocystis, Polycystis, Strephocystis.

Desmis (objet lié). — Atelodesmis.

Drys (chêne). — Herpetodrys.

Genys (menton). — Acanthogenys, Coelogenys, Hapalogenys, Liogenys, Pristogenys, Solenogenys.

Glochis (pointe). — Catoglochis, Triglochis.

Ichthys (poisson). — Callichthys, Channichthys, Chelonichthys, Chlorichthys, Chilichthys, Hoplichthys.

Labis (tenaille). — Gnatholabis, Odontolabis, Streptolabis.

Lepis (écaille). — Acrolepis, Ctenolepis, Lamprolepis, Monolepis, Plectrolepis, Trachylepis.

Ophis (serpent). — Dendrophis, Dryophis, Gongylophis, Ichthyophis, Pelophis, Potamophis.

Ophrys (sourcil). — Actinophrys, Gymnophrys, Megalophrys, Platyophrys, Sclerophrys.

Opsis (aspect). — Batrachiopsis, Dracontopsis, Echiopsis, Phrynopsis, Tettigopsis.

Ornis (oiseau). — Arceuthornis, Arctornis, Dasyornis, Limnornis, Lophornis, Nyctornis, Smicrornis.

Otis *désinence euphonique* de Ous (oreille). — Amblyotis, Dolichotis, Haliotis, Heterotis, Monotis, Myosotis.

Peltis *variante de* Pelté (bouclier). — Acropeltis, Belopeltis, Calopeltis, Coelopeltis, Dasypeltis, Platypeltis, Rhinopeltis, Trachypeltis.

Pholis (écaille). — Goniopholis, Lampropholis, Notopholis.

Pyxis (boîte). — Epipyxis, Dictyopyxis, Monopyxis, Peripyxis, Sporadopyxis.

. Rhachis (épine dorsale). — Oxyrrhachis, Polyrrhachis, Trachelorrhachys.

Rhaphis (aiguille). — Melanorrhaphis, Polyrrhaphis.

Scelis (cuisse). — Calliscelis, Macroscelis, Odontoscelis, Pachyloscelis, Tachyscelis, Xiphoscelis.

Stomis *variante de* Stoma (bouche). — Otostomis.

Taxis (rangée). — Diplotaxis, Haplotaxis.

Teuthis (seiche). — Acanthoteuthis, Conoteuthis, Leptoteuthis, Onychoteuthis, Pteroteuthis.

Thyris (fenêtre). — Athyris, Brachythyris, Cliothyris, Cyclothyris.

Tropis (carène). — Gastrotropis, Liotropis, Odontotropis, Oxytropis, Trichotropis.

Aulax (sillon). — Anaulax, Disaulax, Hypaulax, Leptaulax, Sternaulax.

Mastix (fouet). — Heteromastix, Ophiomastix, Phacomastix, Uromastix.

Plax (tablette). — Brachyplax, Metopoplax, Microplax, Lamproplax.

Pteryx (aile). — Acanthopteryx, Anisopteryx, Brachypteryx, Callipteryx, Platypteryx, Trichopteryx.

Thrix (cheveu). — Callithrix, Chrysothrix, Habrothrix, Lagothrix, Malacothrix, Psednothrix.

Dryas (dryade). — Hamadryas, Herpetodryas.

Lepas (patelle). — Astrolepas, Concholepas, Gymnolepas, Litholepas, Platylepas, Polylepas.

Lampas *et la variante* Lampis (flambeau). — Echinolampas, Cratolampis, Platylampis, Pygolampis.

Ops (aspect, vue). — Adelops, Ælurops, Amaurops, Dinops, Ophiops, Megalops, Nyctalops.

Gastêr (estomac). — Aspidogaster, Centrogaster, Pachygaster, Trachygaster, Trichogaster.

Cheir, *contraction* Chir (main). — Aspidochir, Eriochir, Mo-
nochir.
Rhin et Rhis (nez). — Oxyrrhin, Coloborrhis.

A la suite des mots helléniques féminins ci-dessus énumérés, qui comme plusieurs centaines d'autres, ont été
maintenus intacts par les zoologistes modernes, il nous serait facile de présenter une liste plus longue encore de noms
génériques féminins auxquels on a donné, sans aucun motif,
une queue latine, comme acanthus, cephalus, cercus, chrous,
cnemus, derus, glossus, gnathus, gonius, gynus, morphus,
pleurus, pygus, urus.

Quant au changement de l'*ê* en *a*, on pourrait s'autoriser
de ce que la permutation existe en effet dans le dialecte dorien, mais nous croyons que c'est là une subtilité dont il
ne faut pas abuser, car il n'y a aucun avantage à changer
campê en campa, derê en dera, gynê en gyna, pygê en pyga,
stegê en stega, et d'autre part il serait à craindre qu'il n'en
résultât quelque confusion, en ce sens que si l'un se déclare
en faveur du dialecte dorien, un autre aura aussi légitime-
ment le droit d'admettre l'ionien, ou même l'éolien plus
riche que tous les autres dialectes en formes archaïques.
Afin d'éviter une telle logomachie, il importe de s'en tenir
d'un commun accord à la langue grecque parlée à Athènes
par Thucydide, Xénophon, Platon, Démosthène, Aristote,
Théophraste et par leurs nombreux successeurs.

Parmi les désinences féminines, il en est une, celle en *is*,
qui est tellement conforme au génie de la langue grecque, et
du reste si harmonieuse, que nous n'hésitons pas à en re-
commander l'emploi aussi souvent que possible, et que nous
conseillons de dire, par exemple, desmis de préférence à
desmê, peltis au lieu de peltê, plocis pour plocê, meris pour
meros, et ainsi de même pour une multitude de noms féminins et masculins.

Noms génériques composés de deux radicaux grecs dont le dernier est neutre.

Calymma (couvercle). — Microcalymma.

Chrôma (couleur). — Euchroma, Callichroma, Poecilochroma, Polychroma.

Dema (assemblage). — Callidema, Chrysodema, Lissodema, Pachydema, Pleurodema, Sphaerodema.

Desma (lien). — Amphidesma, Epidesma, Megadesma, Osteodesma, Phyllodesma.

Derma (peau). — Acanthoderma, Hypoderma, Adeloderma.

Gramma (caractère d'écriture). — Camptogramma, Tetragramma, Trichogramma.

Lôma (frange). — Diloma, Pachyloma, Pteroloma, Ptycholoma.

Nema (fil, tissu). — Diplonema, Macronema, Pleuronema, Pyronema.

Omma (œil). — Cryptomma, Galeomma, Hyalomma, Megalomma, Monomma, Tragomma.

Pôma (couvercle). — Acropoma, Ctenopoma, Dasypoma, Plectropoma, Rhinopoma.

Sôma (corps). — Acanthosoma, Ancyrosoma, Batrachosoma, Discosoma, Platysoma, Trichosoma.

Stemma (bandelette). — Diplostemma, Polystemma, Tristemma, Cryptostemma.

Stoma (bouche). — Chrysostoma, Cyclostoma, Diplostoma, Plagiostoma, Platystoma, Trigonostoma.

Schisma (scission). — Gastroschisma, Macroschisma, Platyschisma.

Schêma (forme). — Echinoschema, Dorcaschema, Pycnoschema, Nematoschema.

Trêma (trou). — Amblytrema, Heptatrema, Monotrema, Pleurotrema, Polytrema.

Arthron (articulation). — Anisarthron, Isarthron, Heterarthron, Polyarthron, Triarthron.

Centron (aiguillon). — Ophryocentron, Urocentron.

Dendron (arbre). — Actinodendron, Dromodendron, Sinodendron, Trypodendron.

Plêctron (éperon). — Polyplectron, Temnoplectron.

Podion (petit pied). — Bradypodion, Cyrtopodion, Hoplopodion.

Pteron (aile). — Acropteron, Callipteron, Hemipteron, Liopteron, Malacopteron, Melanopteron.

Ptilon (plume). — Euptilon, Crossoptilon.

Sternon (sternum). — Cinosternon, Glyptosternon, Lepidosternon, Oxysternon, Platysternon, Prosternon.

Xylon (bois). — Lymexylon, Sinoxylon, Trogoxylon, Trygoxylon.

Zôon (animal). — Diplozoon, Entozoon, Myriozoon, Spermatozoon.

Ceras (corne), 1re forme, neutre. — Actinoceras, Ancyloceras, Crioceras, Camptoceras, Diceras, Cycloceras, Orthoceras, Platyceras.

— 2e forme, masculine. — Ægoceros, Buceros, Diceros, Pentaceros, Plocamoceros, Psiloceros, Rhinoceros.

Acanthion (petite épine). — Aspidion (petit bouclier). — Botryon (petite grappe). — Ctenion et Ctenidion (petit peigne). — Crotalon (grelot). — Genion (menton). — Dictyon (réseau). — Phyton (plante). — Craspedon (frange). — Crinon (lys). — Metôpon (front). — Pleuron (côté). — Prosôpon (visage). — Cranion (crâne). — Cladion (petit rameau). — Pterygion (petite aile). — Phyllon (feuille). — Scaphidon (petite barque). — Thêrion (petit animal). — Trichion (petit cheveu). — Trapezion (petite table).

Plusieurs des noms qui précèdent ont reçu plus souvent, et sans motif plausible, les désinences latines en *us, a, um* ;

c'est ainsi que quelques zoologistes ont adopté abusivement les formes inusitées chez les Grecs et même chez les Romains : *cerus, cera, cerum.*

La plupart des noms neutres qui ont en grec la désinence *os* ont été latinisés en *us, a, um,* tels sont : Anthos (fleur), Cheilos, *contraction* Chilos (lèvre), Cyphos (bosse), Meros (partie), Rhamphos (bec), Rhynchos (bec), Stegos (opercule), Stethos (poitrine). Il est vrai que, vu notre ignorance de la langue grecque, nous sommes portés, en raison de leur désinence, à leur attribuer le genre masculin ; mais comme ils sont peu nombreux, le susdit inconvénient est minime et ne justifierait pas une dérogation à la règle ainsi formulée par nous « les noms de genre conservent la forme qu'ils ont dans la langue grecque ou latine à laquelle ils appartiennent. »

La désinence des noms spécifiques doit être latine ou latinisée.

Linné, avons-nous dit, n'avait adopté aucune règle en ce qui concerne les désinences des noms génériques et spécifiques, et comme il aimait beaucoup la variété des formules, il avait maintenu dans sa Nomenclature zoologique un assez grand nombre de noms spécifiques à terminaison grecque. Les avantages des désinences latines sont trop généralement connus pour que nous croyons devoir répéter ce que nous avons dit ailleurs à ce sujet. Nous proposons donc la latinisation immédiate de toutes les désinences grecques des épithètes spécifiques, conformément aux exemples suivants :

Anas melanotos *(ta)*	Canis lagopus *(podus)*
Ardea nycticorax *(cia)*	Cancer elephas *(elephantoideus)*
— scolopax *(cia)*	— pinnophylax *(acius)*
Attelabos melanures *(ura)*	Cantharis erythromelas *(melaena)*
Balistes monoceros *(us)*	Carabos cephalotes *(tus)*
Blennon (*Blennius*) muraenoides	— erythroceras *(ceratius)*
(oideum)	— lampros *(prus)*
Byrrhus gigas *(giganteus)*	Chaetodon mesoleucos *(cus)*

Chrysomela melanostoma (*stomatica*) Cimex haematostictos (*tus*)
    —   haematodes (*odea*)   —   melanochrysos (*sus*)
Chrysophrys microdon (*odonta*) Colpoda hippocrepis (*pida*)
Cimex erythrogaster (*gastera*)   —   meleagris (*grida*).

Comme on l'a vu, la terminaison *oides* devient *oideus, a, um*, suivant que le nom de genre est masculin, féminin ou neutre.

Les substantifs, étant invariables, reçoivent une terminaison adjective qui permette de leur donner les trois genres ; stoma : *stomaticus, a, um ;* — pus : *podus, a, um ;* — odon : *odontus, a, um ;* — pogon : *pogonus, a, um.*

La plupart des autres noms, surtout les adjectifs et substantifs en *os,* permutent cette dernière désinence avec l'une des trois terminaisons latines *us, a, um.*

Des adjectifs employés comme noms de genre.

Parmi les nombreuses questions de détail que soulève l'étude de la Nomenclature des êtres vivants, il en est encore une qui, de même que la précédente, n'a jamais été l'objet d'une réglementation quelconque. Nous voulons parler de la désinence qu'il convient de donner aux adjectifs grecs employés à titre de noms de genre.

Bien qu'en principe nous n'admettions pas que les adjectifs doivent remplir un tel rôle, cependant puisque le nombre de ceux auxquels il a été abusivement donné s'élève à plusieurs milliers, il faut bien tenir compte de ce fait accompli qu'il n'est pas en notre pouvoir de supprimer.

Voici, par exemple, le nom de dicyrtos (deux fois courbé) donné à un genre de Coléoptères ; quelle est, des trois formes possibles, celle qui est préférable : *Dicyrtos, Dicyrtê, Dicyrton ?* Que choisir de *Mycetophagos* ou de *Mycetophagon ?*

S'il s'agissait de la Nomenclature botanique, il n'y aurait pas lieu d'hésiter, car ainsi que nous l'avons expliqué ailleurs, les Grecs employaient toujours la forme neutre, en sous-entendant *phyton*, pour les noms adjectifs, tels que les suivants : Aeizôon, Adianton, Amaranton, Cynanchon, Erysimon, Eryngion, Hedyosmon, Horminon, Heliotropion, Limonion, Lycoctonon, Hippophaes, Hippomanes, Isoetes, Panaces, Pardalianches, Petasites, etc.

Bien que les anciens Grecs n'aient pas fait usage de noms adjectifs dans leur Nomenclature zoologique, et que nous ne puissions nous autoriser de leur exemple, nous pensons que la même règle s'appliquera avec avantage aux noms helléniques formés d'un adjectif. En sous-entendant *zôon* (animal) on n'aura plus pour cette catégorie de noms que deux désinences, celle en *on* pour les adjectifs en *os*, et celle en *es* pour les adjectifs en *ês* (1).

C'est ainsi qu'on dira d'une manière uniforme : Acanthophoron, Ammobion, Geoscopion, Hygroporon, Tachydromon, Caulonomon, Phylloporthon, Dendrophilon, Dodecatomon, — Epiphanes, Haematodes, Callisthenes, Hydrochares, Psammodes, etc..., en accompagnant tous ces noms d'épithètes spécifiques neutres.

Épithètes spécifiques. — Défaut d'accord avec le nom de genre.

Il serait trop long de citer les nombreux solécismes volontaires ou inconscients commis par les zoologistes modernes qui ont ajouté à un nom générique masculin une épithète spécifique féminine ou neutre et *vice versa* ; nous nous

---

(1) Il importe de ne pas oublier que, parmi les adjectifs en *ês*, existe une section bien distincte par cette particularité que tous les adjectifs qui la composent n'ont que le genre masculin et prennent la terminaison *ou* au génitif. Nous avons trouvé dans la Nomenclature zoologique environ 150 adjectifs de cette sorte ; tels sont : comêtês (chevelu), glyptês (graveur), mimètes (imitateur), etc. La liste est trop longue pour être reproduite ici.

bornerons à en citer quelques exemples, afin de montrer que les uns résultent de l'emploi comme épithètes spécifiques de certains noms en usage chez les anciens naturalistes à titre de noms génériques, les autres de l'ignorance de quelques auteurs modernes en matière de linguistique :

Apposition d'anciens noms	*Erreur grammaticale*		
Balaena mysticetus	ammonoceras gigantea *pour*	(giganteum)
Balanus tintinnabulum	ancyloceras dilatatus	—	(dilatatum)
Capra ibex	diceras arietina	—	(arietinum)
C. aegagrus	amphidesma ovata	—	(ovatum)
Clupea enchrasicolos	graptolepis ornatus	—	(ornata)
Coryphaena hippurus	psilothrix protensus	—	(protensa)
Corvus monedula	hipponyx sulcata	—	(sulcatus)
Cyprinus tinca	lithobotrys aculeata	—	(aculeatus)
Delphinus orca	asterias prisca	—	(priscus)
Gadus lota	gallinula chloropus	—	(chloropoda)
Motacilla phoenicurus	taenia solium	—	(solitaria)
Myoxus nitela	pomatias maculatum	—	(maculatus)
Pleuronectes solea			
Sparus aurata			
Squalus pristis			
Scarabaeus melolontha			
Viverra ichneumon			

De tous les naturalistes, Linné est celui qui a fait le plus fréquent abus des appositions : nous en avons compté des centaines dans sa Nomenclature des animaux et des plantes. Comme il lui eût été bien facile de remplacer les substantifs qu'il a employés par des adjectifs ayant même signification, nous sommes porté à croire que, par les appositions, il voulait donner au langage scientifique de la variété et même une sorte de grâce poétique.

Certes, nous tenons en haute estime la variété et l'élégance des expressions dans les sujets qui comportent l'emploi du style fleuri, mais nous pensons que les figures de rhétorique ne soint point à leur place dans la Nomenclature zoologique, et que celle-ci demande seulement des formules claires et précises. La variété des locutions et des désinences, qui ailleurs est une qualité, serait ici un défaut. Aussi réclamons-nous énergiquement l'uniformité des terminaisons des adjectifs latins, et la transformation en adjectifs de tous les substantifs abusivement employés comme noms spécifiques. Par les exemples suivants, on verra combien le changement est facile en même temps que désirable :

Aranea coronata	*au lieu de*	Diadema
Anguis jaculatus	—	Jaculum
Arca nucleata	—	Nucleus
Ardea virginea	—	Virgo
Ascidia tuberculata	—	Tuberculum
Buccinum aculeatum	—	Acus
— fimbriatum	—	Fimbria
— galeatum	—	Galea
— labyrinthodeum	—	Labyrinthus
— lapillinum	—	Lapillus
— scalare	—	Scala
— taeniodum	—	Taenia
— tubiforme	—	Tuba
Cassida cruciata	—	Crux
Callionymos sagittatus	—	Sagitta
— lyratus	—	Lyra
Cancer ampullaceus	—	Ampulla
Cardion auriculatum	—	Auricula
Cerambyx cristatus	—	Crista
Cicada catenata	—	Catena
Enchelys ovulata	—	Ovulum
Gryllus falcatus	—	Falx
Murex clavatus	—	Clava
— coronatus	—	Corona
— tubatus	—	Tuba
— turritus	—	Turris
— echinatus	—	Hystrix
Nerita chamaeleonta	—	Chamaeleon
Phalaena solitaria	—	Anachoreta
— bufonia	—	Bufo
— cribrata	—	Cribrum
— lineata	—	Lineus
— testudinea	—	Testudo
Pinna vexillata	—	Vexillum
Pleuronectes passerinum	—	Passer
Raia aquilina	—	Aquila
Struthio cameloideus	—	Camelus

Taenia filiformis	*au lieu de* Filum
— flagelliformis	— Flagellum
Vespa triangularis	— Triangulum

L'épithète spécifique doit être un adjectif exprimant une différence.

Linné, comprenant bien que la règle la plus importante de la Nomenclature est celle qui détermine le rôle du nom spécifique, s'était appliqué dans le chap. VII de sa *Philosophia botanica* à définir avec soin les conditions à remplir, et parmi celles-ci il avait inscrit au premier rang la suivante : le nom spécifique doit exprimer un des caractères par lesquels l'espèce se distingue de ses congénères.

Par conséquent, ajoutait-il avec raison, on ne saurait admettre qu'il soit tiré d'une désignation géographique et encore moins d'un nom d'homme : « *Locus natalis species distinctas non tradit; —inventoris aut alius cujuscumque nomen in Differentia non adhibeatur*, » 263 et 264.

On sait ce qui est arrivé : un grand nombre de naturalistes, ne sachant pas se servir des langues grecque et latine, ont trouvé plus commode d'imposer aux espèces qu'ils ont cru avoir découvertes le nom de la localité où pour la première fois ils les ont observées, ou celui d'un de leurs parents, de leurs amis et correspondants, quelquefois même du premier venu dont le souvenir s'est offert à leur esprit.

Le mauvais exemple est contagieux : on a vu des naturalistes qui, connaissant bien toutes les ressources que les langues grecque et latine peuvent offrir à l'expression des idées et n'ayant pas l'excuse de l'ignorance, ont néanmoins fabriqué, eux aussi, des noms de cette sorte, comme, par exemple, *Hieracion Garibaldianum* Fries.

Parmi ces noms, les uns ont la forme adjective, les autres celle du génitif. En attendant qu'ils soient remplacés par

des épithètes rappelant un caractère différentiel, il convient
d'adjectiver tous ceux de la dernière catégorie :

Cancer Rhumphianus	*au lieu de*	C. Rhumphii
Blatta Buquetiana	—	B. Buqueti
Coluber Æsculapianus	—	C. Æsculapii
Megatherion Cuvierianum	—	M. Cuvieri
Pachycoris Fabriciana	—	P. Fabricii
Psittacos Barksianus	—	P. Banksii
Python Schneiderianus	—	P. Schneideri.

Ainsi fera-t-on pour les noms géographiques :

Falco antillensis	*au lieu de*	F. Antillarum
Lathridion lapponicum	—	L. Lapponum
Rhizoblaps judaica	—	R. Judaeorum.

On adjectivera aussi tous les noms, mis au génitif, d'une
plante ou d'un animal servant de support à un parasite. Si
la plante sert de pâture à l'animal, on ajoutera à son nom
la terminaison latine *vorus, a, um*, ou la terminaison hellénique *phagus, a um,* suivant que le substantif est latin ou
grec. — Si l'on veut seulement indiquer que l'animal vit
sur telle espèce végétale, le nom de celle-ci recevra la désinence *phyus, a, um* lorsqu'il est grec, et *fixus, a, um* quand
il est latin :

abrotanophyus, a, um.	aruncifixus, a, um.
absinthophyus	graminifixus
bupleurophyus	prunifixus
cerasophyus	pulicarifixus
euphorbiophyus	ornifixus
melilotophyus	quercifixus
oenotherophyus	roborifixus
polygonophyus.	rosmarinifixus
phragmitophyus	rumicifixus
sycophyus	taraxacifixus

Ainsi agira-t-on à l'égard des noms d'animaux sur lesquels d'autres animaux, tels que le *Pediculus* (Pou), vivent
en parasites : *Pediculus alaudifixus*, *P. phasianophyus*.

*Le respect des faits accomplis et du prétendu droit de priorité
est le grand obstacle à la réforme.*

Quelques personnes, désespérant d'arriver à établir l'unité
de la Nomenclature par les efforts individuels, ont pensé
que des Congrès de naturalistes auraient l'autorité nécessaire pour imposer un Code définitif.

C'est là, suivant nous, une illusion à laquelle il faut re-
noncer. D'abord, et en fait, nous constatons que les Congrès
ont toujours complètement échoué dans la tâche qu'ils
s'étaient donnée. Les résolutions adoptées à Manchester en
1842 par l'Association britannique sont restées aussi stériles
que celles du Congrès entomologique de Dresden en 1858,
du Congrès botanique de Paris en 1867, et, enfin, du Congrès géologique et paléontologique tenu à Bologne en 1881.

L'insuccès de ces tentatives nous paraît tenir à deux
causes. La première est l'impossibilité de trouver dans une
réunion nombreuse d'hommes la hardiesse nécessaire pour
construire un édifice nouveau sur des bases rationnelles,
sans tenir aucun compte des faits accomplis. Or, il est clair
qu'on ne peut rien fonder de solide lorsqu'on tolère tous les
anciens errements dont nous avons successivement présenté
le tableau.

La seconde est l'admission par les Congrès d'un prétendu
droit de priorité. On sait que, d'après la plupart des rédac-
teurs de Codes, la Nomenclature des êtres organisés sera
vouée au caprice individuel, au désordre et à une perpétuelle
mobilité tant qu'on ne déclarera pas formellement que le
nom princeps est le seul légitime.

Ainsi, pour nous préserver des tentatives de réforme de
quelques novateurs, on ne trouve pas d'autre moyen que de
nous livrer pieds et poings liés à la tyrannie des inventeurs,
fussent-ils des ignorants en matière de linguistique ou des

paresseux n'ayant pas voulu prendre la peine de chercher
des noms expressifs à la place des désignations inexactes,
insignifiantes ou ridicules qu'ils ont si souvent fabriquées.

Comme les inventeurs de noms sont en très-petit nombre
relativement à la grande famille des naturalistes présents et
futurs, on peut dire que le *droit de priorité* est vraiment le
triomphe de la minorité.

Certes, nous ne contestons nullement le mérite de tel
inventeur qui, le premier, a su discerner une espèce végétale
ou animale ; sa découverte restera à juste titre consignée dans
l'histoire de la science. Mais nous nions formellement qu'on
ait le droit de nous imposer l'emploi perpétuel d'un nom
d'espèce fabriqué par un auteur quelconque, et, sur ce point,
nous déclarons vouloir conserver pour nous et nos successeurs la plus entière liberté, et la faculté inaliénable
d'employer le langage qui nous paraîtra le meilleur.

Enfin, on sait ce qu'il faut penser de ces législateurs
myopes qui, en politique comme en matière de science, ont
la prétention d'avoir promulgué des lois *définitives et immuables.* L'histoire leur donne un perpétuel démenti et montre
que l'esprit humain accomplit une évolution incessante.
D'ailleurs, il n'est personne qui ne reconnaisse que la science
est essentiellement progressive. Dès lors, à moins d'inconsé-
quence flagrante, on ne saurait contester le perfectionnement
indéfini du langage qui en est l'expression.

Il est hors de doute que si, aujourd'hui, un Comité composé de spécialistes ayant chacun une compétence particulière dans une des branches de la zoologie et de la botanique,
et pourvus d'ailleurs de connaissances suffisantes dans les
questions de linguistique grecque et latine, se réunissait
dans le but de fixer les règles de la Nomenclature des
êtres vivants, *sans tenir aucun compte des usages antérieurs
ni du prétendu droit de priorité,* l'accord serait facile entre

ces savants, car leur esprit s'attacherait invinciblement à ce qui est *le meilleur* en pareille matière.

Or, tous ceux qui se sont occupés de ce sujet reconnaissent que le substantif est la *meilleure* forme des noms génériques, et l'adjectif la *meilleure* forme des noms spécifiques;

Que l'adjectif spécifique, conformément à une des règles essentielles de la grammaire latine, *doit* s'accorder avec son substantif;

Que les désinences latines sont incontestablement *préférables* aux désinences grecques pour les adjectifs spécifiques;

Que, dans le but d'obtenir l'uniformité de désinence des noms de genre, il suffit de conserver telle quelle celle qui appartient aux noms grecs et aux noms latins;

Que, à moins de difficulté extrême, comme il arrive lorsqu'il s'agit de genres très-riches en espèces, l'adjectif spécifique *doit* exprimer un des caractères organiques distinctifs: d'où il suit que les noms spécifiques empruntés à un nom d'homme sont absolument inacceptables;

Que la formation des noms de genre tirés d'un nom d'homme *doit* être faite conformément aux usages de la langue latine en tenant compte de la permutation connue des voyelles finales des mots français, italiens, anglais, hollandais et germaniques;

Enfin, que la correction orthographique et grammaticale *doit toujours être rigoureusement observée.*

Reconnaissant unanimement l'*excellence* de ces principes, ils n'hésiteraient pas à placer en tête de leur Code les trois lois suivantes, dont la première est exactement celle de Tournefort et de Linné:

1° Chaque être vivant est désigné par une appellation binaire, composée d'abord d'un nom générique, puis d'un nom spécifique;

2° Le nom générique est un substantif grec ou latin,

significatif ou insignifiant sous le rapport zoologique ou botanique, et qui conserve sa forme et sa désinence propres ;

3° Le nom spécifique est un adjectif à désinence latine ou latinisée, s'accordant grammaticalement avec le nom générique, et exprimant, à moins d'impossibilité, un des caractères organiques de l'espèce.

A ces trois lois fondamentales, on ajouterait sans peine quelques articles secondaires destinés à la réglementation de quelques cas particuliers de la nomenclature.

Sous aucun prétexte ne serait admise la moindre exception à ces règles en ce qui concerne les noms créés ou à créer, sauf, bien entendu, la liberté laissée à nos successeurs de faire mieux encore. Comme tous les animaux et végétaux supérieurs sont à peu près connus, et qu'il ne reste plus à découvrir que des espèces d'ordre inférieur ou des subdivisions d'espèces trop largement décrites, il est clair que ce serait presque ne rien faire que de ne pas proclamer la rétroactivité des lois.

Ces principes une fois admis, resterait à déterminer l'opportunité de l'application rétroactive de chacun d'eux. Quelles sont les réformes à faire immédiatement ; quelles sont celles qu'il est prudent de renvoyer à une époque ultérieure, afin de ne pas bouleverser d'emblée et profondément la Nomenclature ?

Parmi les réformes urgentes se présentent : 1° le redressement des fautes orthographiques, grammaticales et de tous les vices de linguistique ; 2° la transformation en adjectifs de tous les substantifs employés par apposition à titre de noms spécifiques, et même de tous les noms d'hommes ayant la désinence du génitif (en attendant qu'on les remplace définitivement) ; 3° la latinisation des désinences helléniques des épithètes spécifiques et le rétablissement de la terminaison hellénique des noms de genre tirés du grec.

Ce premier travail accompli, les naturalistes contracteraient l'habitude de la régularité et de la correction, et arriveraient eux-mêmes à désirer le complément de l'œuvre de réforme, laissant à leurs successeurs le soin de juger de l'opportunité de sa réalisation partielle ou totale.

Hélas! la réunion d'un comité de spécialistes possédant, outre la compétence scientifique et philologique, la hardiesse d'esprit nécessaire à la conception d'un plan de réforme est presque une utopie, car ce fait extraordinaire s'est produit une seule fois lorsque Lavoisier et ses trois collaborateurs construisirent sur une nouvelle base l'admirable édifice de la Nomenclature chimique.

Nous désespérons de voir jamais un pareil miracle s'accomplir dans le domaine beaucoup plus vaste des sciences biologiques. Au surplus la crainte chimérique d'un bouleversement qui nous ramènerait la confusion des langues, rendue célèbre par la légende de la Tour de Babel, paralyse tellement l'esprit des naturalistes, que nous avons vu les législateurs assemblés aux Congrès de Manchester, de Dresde, de Paris et de Bologne dans le but de codifier la nomenclature des êtres vivants, établir comme règle fondamentale : d'abord la reconnaissance du droit de priorité des fabricants de noms d'animaux et de plantes, puis la non-rétroactivité des lois, c'est-à-dire la soumission aux faits accomplis (1).

(1) Ce ne sont pas les législateurs qui ont manqué à l'œuvre de la Nomenclature zoologique et botanique; un grand nombre de naturalistes, et des plus distingués, ont traité ce sujet. Nous donnons ci-après la liste de 11 des principaux ouvrages.

1° *Institutiones rei herbariæ*, par Pitton de Tournefort. Paris, 1719.

2° *Philosophia botanica*, par Ch. Linné. Stockholm, 1751.

3° *Philosophia entomologica*, par Fabricius. Hamburg, 1778.

4° *Théorie élém. de la botanique*, par A. Pyr. de Candolle. Paris, 1813.

5° *Principia generalia Nomenclaturæ Linnæi*, par Agassiz, dans la préface du *Nomenclator ₇oologicus*. Soloduri, 1842.

6° *Lois de la nomenclature malacologique*, par Hermannsen, dans la préface des *Indices gener. malaco₇*. Cassel, 1846.

Une telle doctrine étant la négation de la liberté et de toute espèce de progrès, nous n'attendrons désormais le perfectionnement du langage scientifique que de l'initiative individuelle, à laquelle d'ailleurs nous devons déjà la réforme Linnéenne de la Nomenclature et tant d'autres innovations heureuses.

On a souvent dit et répété que les recherches de pure érudition n'ont aucune utilité pour le progrès de la science, et sont un passe-temps sénile des hommes qui ne savent plus faire autre chose.

En joignant, sous forme d'appendice, nos études sur la Nomenclature moderne des êtres vivants à celles que nous avions entreprises sur la Nomenclature des anciens, nous espérons avoir démontré aux utilitaires que ces sortes de travaux ne sont pas aussi stériles qu'ils l'ont prétendu. Nous osons même dire que la Nomenclature actuelle est peu intelligible pour quiconque n'a pas fait un examen approfondi de la Zoologie et de la Botanique de ces vieux Grecs et Romains si démodés aujourd'hui. En outre, dans le commerce avec ces respectables ancêtres, on gagne au moins la connaissance de leur langue, ce qui, sans contredit, est une des conditions essentielles pour s'occuper avec succès de la Nomenclature moderne, presque entièrement composée de mots grecs et latins. Telle est la justification du hors-d'œuvre par lequel nous avons terminé le présent travail.

7° *Code de la Nomenclature zoologique*, par Strickland. Manchester, 1842.

8° *Lois de la Nomenclature entomologique*, rédigées par Kiesenwetter et adoptées par le Congrès tenu à Dresde en 1858.

9° *Lois de la Nomenclature botanique*, rédigées par Alph. de Candolle et adoptées par le Congrès tenu à Paris en 1867.

10° *Lois de la Nomenclature des espèces*, rapport au Congrès international de géologie, par Douvillé. Paris, 1880.

11° *Nomenclature des êtres organisés*, rapport à la Société zoologique de France, par Chaper. Paris, 1881.

LYON , ASSOCIATION TYPOGRAPHIQUE

F. Plan, rue de la Barre, 12

www.ingramcontent.com/pod-product-compliance
Ingram Content Group UK Ltd.
Pitfield, Milton Keynes, MK11 3LW, UK
UKHW020843120726
13693UKWH00002B/796